全科医师急症处理手册

主 编

张会明　曹春蕾　璋　轶

编写人员

张会明	曹春蕾	璋　轶	刘义廷	朱智全
郭　彤	何彩虹	朱志东	赵　磊	须晓萍
黄　洁	闫　华	冯　映	韩　丽	刘小琳
张晓阳	顾　倩	王聪聪	单　洁	张亚雄
葛建文	韩　娜	李　芳	谢敬聃	

金盾出版社

内容提要

本书把临床工作中基层常见的急症和常见急救技术操作整合在一起,重点围绕诊断要点、鉴别诊断及治疗要点,包括内科、外科、儿科、眼科、耳鼻咽喉科、口腔科、皮肤科等各种疾病一并予以介绍。本书内容丰富,资料翔实,阐述准确,适合基层医师参考阅读。

图书在版编目(CIP)数据

全科医师急症处理手册/张会明,曹春蕾,璋轶主编·—北京:金盾出版社,2016.8(2018.4 重印)

ISBN 978-7-5186-0891-1

Ⅰ.①全… Ⅱ.①张…②曹…③璋… Ⅲ.①急性病—处理—手册 Ⅳ.①P459.7-62

中国版本图书馆 CIP 数据核字(2016)第 070827 号

金盾出版社出版、总发行

北京市太平路 5 号(地铁万寿路站往南)

邮政编码:100036　电话:68214039　83219215

传真:68276683　网址:www.jdcbs.cn

双峰印刷装订有限公司印刷、装订

各地新华书店经销

开本:850×1168 1/32　印张:9.5　字数:198 千字

2018 年 4 月第 1 版第 9 次印刷

印数:6 001～9 000 册　定价:29.00 元

前　言

　　全科医疗是主要由全科医生所从事的医学实践活动。它是在通科医疗的基础上,通过整合生物医学、行为科学和社会科学最新研究成果而发展起来的一种新型的基层医疗模式。近些年,我国基层医疗卫生事业飞速发展,大量患者就医于基层社区医疗机构,致使基层医务工作人员每天要接触大量急症患者,这些患者所患的病种较多,又分属不同医学分科,作为一名全科医师,必须全方位地掌握常见急症的诊治原则,才能在短时间内给出最合理的诊治方案或者最优化的建议。因此,我们把临床工作中基层常见的各科急症和常用急救技术操作整合在一起,重点围绕诊断要点、鉴别诊断和治疗原则等内容进行编写,对于治疗多以医生开处方形式呈现出来,目的在于实用性和可操作性。我们相信,此手册一定会对广大全科医务工作者和对医学知识感兴趣的人们有所帮助,为他们提供最基本的医学参考。由于受到各种客观条件的限制,加之医学技术日新月异,本书一定存在许多难以令人满意的地方,欢迎广大读者给予批评指正。

作者

目 录

第一章 常见急诊症状学

一、高 热

1. 诊断要点

（1）测量体温：体温常常在39℃以上。

（2）病史：询问患者有无传染病接触史、受凉、疲劳、用药及进食不洁史。同时注意热型区别及伴随症状。

（3）辅助检查：化验血、尿、便常规，酌情做肝功能、B超及X线检查等。

2. 鉴别诊断

（1）高热伴有寒战时，一般多见于脓毒血症、菌血症、大叶性肺炎、急性胆道感染、急性肾盂肾炎、疟疾、流脑等，而伤寒、结核、风湿热、病毒感染多无寒战。

（2）高热伴有皮疹，某些传染病（如猩红热、麻疹、风疹等），结缔组织病，变态反应性与过敏性疾病，血液病等，发热时常伴有皮疹，可根据皮疹的类型、出疹部位及其顺序等特点，加以鉴别。

（3）伴有剧烈头痛、呕吐、意识障碍，应考虑流脑、乙型脑炎及颅内感染等。

（4）超高热，是体温升高至体温调节中枢所能控制的调定点以上，使人体器官严重受损，尤其脑细胞变性、脑水肿，可使患者进入昏迷状态,于数小时内死亡。常见有放射病、脑部疾病、输液与输血反应、恶性高热及临终前超高热等。

3. 治疗要点

(1)一般处理:明确病因,观察生命体征,卧床休息,流食或半流食,维持水、电解质与酸碱平衡。

(2)药物治疗

1)退热(退热以物理降温为主,如冰袋置前额、枕部、腋下或用 25％～50％乙醇擦浴,冰毯等)

【处　方】

柴胡注射液 4ml,肌内注射。

或安痛定注射液 2ml,肌内注射。

或赖氨酸阿司匹林注射液 0.9～1.8g,肌内注射或静脉注射。

或阿司匹林片 0.3g,口服。

或新癀片 2～4 片,口服。

儿童高热惊厥可选用对乙酰氨基酚,10～15mg/kg,1/(4～6)h. 对于诊断不明者慎用解热药。

2)镇静

【处　方】

地西泮片(安定)2.5～5mg,口服。

或地西泮注射液 10～20mg,肌内注射或静脉注射。

(3)病因治疗:根据白细胞或中性粒细胞增高情况和感染部位选择抗生素。

二、头　痛

1. 诊断要点　头痛常见于以下几种原因,应详细询问病史,根据各自特点做出初步诊断,必要时再深入检查以确诊。

(1)颅脑疾病

1)感染:如脑膜炎、脑脓肿等。

2)血管病变:如脑出血、脑梗死等。

3)占位性病变:如脑肿瘤等。

4)其他:血管性头痛、脑外伤等。

(2)颅外疾病:如神经痛,眼源性、耳源性、牙源性头痛,颈椎病等。

(3)全身性疾病:如高血压病、农药中毒、中暑等。

(4)药物引起:如血管扩张药、钙拮抗药等。

2. 鉴别诊断

(1)伴有剧烈呕吐,多见于脑炎、脑膜炎或其他病因引起的颅内压增高者。

(2)伴有发热,常见于颅内或全身感染。

(3)一侧头痛,发作时有闪光、暗点、偏盲等先兆,头痛剧烈时呕吐,在呕吐后明显缓解见于偏头痛。

(4)头痛伴有剧烈眩晕、视力障碍及复视,呈短暂性发作,多见于小脑肿瘤、椎-基底动脉供血不足等。

(5)慢性头痛骤然加剧并有意识障碍者,提示可能发生脑疝。

3. 治疗要点

(1)一般处理:明确病因,指导患者尽可能避免诱发因素,减少刺激,注意休息;亦可行头部推拿、按摩等。

(2)对症治疗:适用于无危及生命的良性头痛。

1)镇静镇痛,可给予地西泮片 5mg、苯巴比妥片 60mg、索米痛片 2 片等口服。

2)严重的血管性头痛可用麻醉镇痛药,如麦角胺咖啡因片 0.2g,口服。

3)颅内压增高者给予降颅压治疗。

【处方1】 20％甘露醇注射液 125～250ml,静脉滴注(30分钟内)。

【处方2】 呋塞米注射液 20mg,静脉注射。

(3)病因治疗:当颅内压增高或怀疑为颅内感染、颅内占位病变、严重的脑血管病变等,应采取进一步措施。

三、眩　晕

1. 诊断要点　眩晕是对位向(空间定位感觉)的一种运动错觉,常伴有眼球震颤、平衡失调及恶心、呕吐、出汗、面色苍白等症状。常见病因如下。

(1)周围性眩晕(耳性眩晕):常见疾病有梅尼埃病、迷路炎、前庭神经炎、药物中毒,其他如位置性眩晕、晕动病等。

(2)中枢性眩晕(脑性眩晕):常见疾病有脑血管疾病(如椎-基底动脉供血不足、高血压脑病等),颅内占位病变,颅内感染性疾病等。

(3)全身性疾病:如严重心律失常、内分泌及代谢性疾病、血液病等。

2. 鉴别诊断

(1)生理性眩晕:如搭乘交通工具或从高处快速下落,会发生一过性眩晕、恶心、呕吐,休息后可很快缓解。

(2)梅尼埃病:也称内耳眩晕症,是引起周围性眩晕的最常见疾病,多见于中年人。以发作性眩晕伴有耳鸣,波动性、渐进性、感音性的听力减退及眼球震颤为主要表现,具有反复发作的特点,其眩晕为旋转性,常突然发作,伴有恶心、呕吐。

(3)椎-基底动脉供血不足:各种原因导致椎-基底动脉管腔狭窄时,均可发生脑供血不足而引起眩晕,常突然发作并伴有头痛、运动障碍、站立不稳,感觉异常及恶心、呕吐、出汗、呼吸节律失调、血管舒缩功能紊乱等症状。

(4)颅内肿瘤:如听神经瘤、脑干肿瘤、小脑肿瘤等。其眩晕特点是发病较慢,持续时间长,常呈进行性加重,眩晕程度与体征不成比例,即眩晕轻而眼球震颤明显,常伴有其他神经系统定位体征。

3. 治疗要点

(1)一般处理:卧床休息,减少头部、体位的变动。

(2)药物治疗

【处方1】 茶苯海明片 50~100mg,口服,3/d。

【处方2】 盐酸倍他司汀片 4~8mg,口服,2~4/d。

【处方3】 盐酸氟桂利嗪片 5~10mg,口服,1/d,睡前服用。

(3)病因治疗:立即停用致眩晕的药物;呕吐频繁者可给予甲氧氯普胺(胃复安)、维生素 B_6 等;以感染为病因者,应予以抗感染治疗;迷路积水、颅内高压者,可给予脱水治疗;颅内占位病变者,可考虑手术治疗;其他疾病引起者,应给予相应的治疗。

(4)针灸治疗:可选用针灸治疗,常用穴位如内关、足三里、百会、曲池等。

四、晕　厥

1. 诊断要点

（1）反射性晕厥：临床最多见为血管抑制性晕厥，其次见于直立性低血压性晕厥、排尿性晕厥、疼痛性晕厥和颈动脉窦性晕厥等。起病与体位、情绪、疼痛、过劳、小手术有关。发作前有头晕、恶心、心悸、突然倒地、面色苍白、脉弱、血压下降。

（2）心源性晕厥：常见于急性心肌梗死、阵发性心动过速、病态窦房结综合征及严重的房室传导阻滞、心房纤颤、心室纤颤、心搏骤停、主动脉瓣狭窄、左房黏液瘤、原发性心肌病、发绀型先天性心脏病。发病急，多在用力后有气短、胸闷、发绀、心率快或慢、心律失常、血压低，重者有抽搐。

（3）脑源性晕厥：常见于短暂性脑缺血发作、脑动脉粥样硬化、无脉症、高血压脑病、脑干病、椎-基底动脉供血不足等。有反复发作，肢体麻木无力、偏瘫、语言障碍史。

（4）其他：有低血糖性、症状性、癔症性、剧咳性晕厥，以及严重贫血者运动时发生的晕厥。

2. 鉴别诊断

（1）晕厥与眩晕、昏迷的鉴别：晕厥是起病急且有短暂的意识丧失；眩晕为感觉自身或周围物体转动，常不伴有意识丧失；昏迷是持续时间长且有严重的意识丧失。

（2）血管抑制性晕厥：多发生于年轻体弱的女性，常有明显诱因，如精神紧张、疼痛刺激等，多伴有全身乏力、四肢感觉异常、头晕、眼花、耳鸣、恶心等前驱症状。随后表现为意识混乱或丧失而突然摔倒，瞳孔扩大，对光反射仍存在，偶有尿失禁,醒后可有头痛、遗忘、精神恍惚等,但无明显后遗症。原因是各种刺激通过迷走神经,引起短暂的血管床扩张,外周血管阻力降低,回心血量减少,心排血量减少,血压下降使脑供血不足所致。

(3)直立性晕厥:患者由卧位或蹲位突然起立或持久站立时发生晕厥,可能由于下肢静脉张力低,血液蓄积于下肢,周围血管扩张引起瘀血或血液循环反射调节障碍等因素,使回心血量减少,心排血量减少,血压下降使脑供血不足所致。

(4)排尿性晕厥:多见于 20～30 岁男性,在排尿开始、排尿中或排尿结束时发生晕厥。原因是睡眠时迷走神经张力增高,当膀胱突然排空,产生迷走神经反射而抑制心脏、血管扩张。再加上腹内压降低使得下腔静脉回流缓慢等因素,而引起晕厥。

3. 治疗要点

(1)一般治疗

1)立即平卧,头稍低足抬高。松解衣领,保持呼吸道通畅,必要时吸氧。醒后饮浓茶或糖水。

2)针刺人中、百会、十宣等穴位。

(2)对症治疗

1)抽搐者用地西泮注射液(安定)5～10mg,肌内注射。

2)反射性晕厥者可应用阿托品防治,心率<40 次/分钟者给予阿托品 0.5mg,皮下注射。

3)癔症性晕厥者可嗅氨水、针刺治疗。

4)血压低者可酌情用哌甲酯(利他林)10mg,口服。

5)脑缺血者

【处　方】　5%碳酸氢钠注射液 20ml,静脉注射。25%

葡萄糖注射液 40ml,静脉注射。

6)低血糖性晕厥应及时静脉推注 50％葡萄糖注射液20～40ml。

(3)病因治疗:尽快明确诊断,按病因治疗。

五、昏　迷

1. 诊断要点

(1)体征:意识完全丧失,对外界的声、光、疼痛无反应,运动、感觉、反射功能障碍。

(2)病史:多有脑血管疾病、脑外伤、神经系统感染、颅内占位、严重感染性疾病、代谢紊乱性疾病、中毒等病史。

(3)检查生命体征:详细了解起病情况、昏迷时间及伴随症状,周围环境有无中毒可能及迹象,既往史,内科及神经系统体征,做血、尿、便常规及生化检查,以及心电图、X 线检查等。

2. 鉴别诊断

(1)中枢性非感染性昏迷:脑血管意外、蛛网膜下隙出血、颅内占位病变、颅脑损伤等。

(2)需与貌似昏迷的状态相鉴别

1)精神抑制状态:常见于癔症或强烈精神刺激创伤后。患者僵卧不语,对刺激毫无反应。

2)紧张性木僵:患者不语、不动、拒食、不排大小便,对强烈刺激也毫无反应。

3)意念缺失:因缺乏欲念而意志活动减少,不语不动。

4)闭锁综合征:又称去传出状态、脑桥腹侧症候群、假昏迷等。

5)服用安眠药者:呼之不应,但眼球可有运动,强烈刺激可有反应。

3. 治疗要点

(1)一般处理

1)发现昏迷立即开始呼救。

2)将昏迷者头偏向一侧,保持呼吸道通畅,以防误吸,给予吸氧。

3)密切观察意识、血压、脉搏、呼吸、体温等生命体征。

(2)对症治疗

1)一般治疗:高热者物理或药物降温。

2)有循环衰竭者:应补充血容量,酌情选用升压药,纠正酸中毒。

3)有颅内压增高者

【处方1】 20%甘露醇250ml,快速静脉滴注。

【处方2】 呋塞米(速尿)20mg,肌内注射。

4)惊厥者选用

【处方1】 苯巴比妥注射液0.1,肌内注射。

【处方2】 地西泮(安定)注射液10mg,肌内注射。

【处方3】 10%水合氯醛溶液15ml,灌肠。

5)必要时用人工呼吸器及呼吸兴奋药

【处方1】 洛贝林注射液3mg,肌内注射。

【处方2】 尼可刹米(可拉明)注射液0.375g,肌内注射。

6)促进脑代谢和维持脑功能:如辅酶A、三磷腺苷、肌苷等。

7)促进苏醒药物:如纳洛酮、胞磷胆碱、脑活素及中药醒脑静等。

8)高压氧治疗:能提高脑血管含氧量及储氧量,有利于治疗和预防脑水肿,降低颅内压,特别是一氧化碳中毒、缺血性脑血管病、中毒性脑病等。

六、抽　搐

抽搐是神经-肌肉疾病引起的不随意运动的病理性表现,临床表现为横纹肌不随意的痉挛痫性发作和骨骼肌不自主的发作性痉挛。

1. 诊断要点

(1)引起抽搐的原因:主要见于脑外伤、脑部感染、脑肿瘤、缺血缺氧性脑病、中毒、电解质紊乱等。新生儿抽搐主要见于颅脑产伤、先天性脑畸形、感染、代谢异常等。幼儿抽搐常见原因为高热惊厥。

(2)表现形式多样:如突然发作、意识丧失、眼球上移,四肢强直,多为强直-阵挛性抽搐;连续发作间隔时间缩短,出现体温升高,则为抽搐持续状态;局限性阵挛性抽搐常无意识障碍,多见于眼睑、口角、手足等部位。有精神创伤因素,哭笑无常,突发全身僵直,双手握拳,眼球运动正常,抽搐动作杂乱无章,无定位体征,暗示治疗多有疗效见于假性抽搐。手指强直掌侧内收,掌指及腕关节屈曲表现的局限性发作为低钙性抽搐的特征。

(3)辅助检查:一般包括血和尿常规、血生化、电解质、血气分析及脑脊液检查等。颅脑 CT 及 MRI 对于颅脑病变大多具有定性价值,脑电图对区别抽搐发作类型具有参考价值。

2. 鉴别诊断

(1)发作前出现头痛可见于高血压脑病、颅内感染、创伤及占位性病变。

(2)伴脑膜刺激征可见于脑膜脑炎、蛛网膜下隙出血等。

(3)发作时意识障碍、大小便失禁,伴有舌咬伤,见于癫痫大发作。

3. 治疗要点

(1)一般处理:取平卧位,头偏向一侧,去除义齿及口腔异物,放置牙垫,保持呼吸道通畅,吸氧。

(2)药物治疗

【处方1】 地西泮注射液 10～20mg,静脉注射,必要时 2～4 小时重复给药,或苯巴比妥钠注射液 100～200mg,肌内注射。

【处方2】 $\left.\begin{array}{l}\text{异戊巴比妥钠注射液 } 0.5g \\ 5\%\text{葡萄糖注射液 } 20ml\end{array}\right|$ 缓慢静脉注射(用于癫痫持续状态)。

【处方3】 25%甘露醇注射液 250ml,静脉滴注(30 分钟内)。

【处方4】 呋塞米注射液 20mg,稀释后静脉注射。

(3)病因治疗:明确病因,采用不同治疗方法。如感染引起者给予抗生素,脑出血者给予手术治疗等。

七、瘫 痪

瘫痪是指自主运动时肌力的减退或消失,肌力的减退为不完全性瘫痪,肌力的消失为完全性瘫痪,临床上又将瘫痪分为功能性瘫痪和器质性瘫痪。

1. 诊断要点

(1)上运动神经元瘫痪:亦称中枢性瘫痪,是由皮质运动投射区和上运动神经元通路损害而引起。表现为肌张力增高,肌肉萎缩不明显,浅反射消失,深反射亢进,病理反射阳性。可分为皮质型、内囊型、脑干型、脊髓型。

(2)下运动神经元瘫痪:亦称周围性瘫痪,是脊髓前角细胞(或脑神经运动核细胞)、脊髓前根、脊周围神经和脑周围神经的运动纤维受损的结果。表现为个别或几个肌群受累,瘫痪肌肉明显萎缩,肌张力降低,深反射减弱或消失,病理反射阴性。

(3)肌病瘫痪:在神经-肌肉联接点或肌肉本身发生病变时导致肌肉收缩运动障碍。一般为暂时性的,其瘫痪程度可时有变化,可有肌张力及腱反射减低或消失,但一般无肌萎缩及肌束颤动,也没有病理反射及感觉障碍。

2. 鉴别诊断

(1)上运动神经元瘫痪

1)皮质型损害:一般表现为对侧中枢性单肢瘫,可有外伤、多发性硬化等病史,CT、MRI等可见皮质运动区病变。

2)内囊型损害:常有对侧偏瘫、对侧偏身感觉缺失或对侧同向偏盲,最常见于脑血管意外。

3)脑干型损害:多表现为病灶侧的周围性脑神经瘫痪和对侧肢体的中枢性瘫痪。

4)脊髓型损伤:上颈髓病变引起四肢瘫痪,下颈髓病变可引起上肢周围性瘫痪及下肢中枢性瘫痪,胸段脊髓病变引起中枢性截瘫,腰髓病变引起双下肢周围性截瘫,并多伴有损伤平面以下感觉障碍及大小便失禁。CT 及 MRI 检查可有阳性发现。

（2）下运动神经元瘫痪

1）脊髓前角细胞病变：局限于前角细胞的病变引起弛缓性瘫痪，没有感觉障碍，瘫痪分布呈节段型。

2）前根病变：瘫痪分布亦呈节段型，因后根常同时受侵犯而出现根性疼痛和节段型感觉障碍。

3）神经丛病变：损害常引起一个肢体的多数周围神经的瘫痪和感觉障碍。

4）周围神经病变：瘫痪及感觉障碍的分布与每个周围神经支配关系相一致。

（3）肌病瘫痪：常见的为重症肌无力、周期性瘫痪、多发性肌炎、肌营养不良等。

1）重症肌无力：缓慢起病，受累的骨骼肌极易疲劳，活动后加重，休息或服用抗胆碱酯酶药物后减轻或暂时好转。辅助检查可见 AchR 抗体阳性，胸腺肥大或胸腺瘤，疲劳试验、新斯的明试验阳性。

2）周期性瘫痪：是一组以反复发作的骨骼肌松弛性瘫痪为特征的疾病。起病较急，常于清晨或半夜发生，双侧或四肢软瘫，两侧对称，近端重于远端。发病后多有血钾含量降低和心电图低钾的表现。

3. 治疗要点

（1）病因明确的瘫痪的处理：急性瘫痪患者给予减轻水肿、甲泼尼松龙冲击疗法、神经营养治疗等。慢性患者以对症治疗为主，减少并发症。例如：

1)重症肌无力

【处方1】 溴化吡啶斯的明片 60～120mg,口服,3～4/d。

【处方2】 生理盐水 500ml
泼尼松龙注射液 1g 静脉滴注 ｜ 1/d,连用 5d。

继之泼尼松片 100mg,每日晨服,症状基本消失后减量,改为隔日晨服泼尼松片 40mg,维持 1 年以上。

2)周期性麻痹

【处方1】 氯化钾片 0.5～1g,口服,3/d。

【处方2】 醋氮酰胺片 125mg,口服,2～4/d。

【处方3】 螺内酯片(安体舒通)20～40mg,口服,3/d。

(2)病因不明确的瘫痪的处理:对症治疗的同时做出定位及病因诊断,再根据具体病情做出相应处理,如脊髓损伤的患者给予制动治疗;颅脑损伤的患者,给予控制生命体征、亚低温减少氧耗;脑缺血性患者给予溶栓治疗;脑血性患者给予脱水降颅内压、止血治疗等,并积极治疗并发症。

八、呼吸困难

1. 诊断要点

(1)肺源性呼吸困难

1)病史:追问病史常见于急性喉及气管疾病,阻塞性肺气肿、支气管哮喘、肺炎、肺结核、肺肿瘤、弥漫性肺间质纤维化、严重胸廓畸形、气胸、胸腔积液等。

2)体征:常伴有咳喘、三凹征(吸气时锁骨上窝、胸骨上窝、肋间隙凹陷);长期呼吸困难可有杵状指,肺部常可闻及哮鸣音、干啰音、湿啰音,严重者可导致发绀和呼吸衰竭。

3)检查：X线检查方便易行，应首先考虑。

（2）心源性呼吸困难

1)病史：患者常有心脏病史，如急性心肌梗死、肺栓塞、心肌病、心脏瓣膜病、急性心包炎、心肌炎等。

2)体征：呼吸急促，平卧位时加重，坐位时减轻；咳泡沫痰或粉红色泡沫痰；听诊时两侧肺底部可闻及大量湿啰音。

3)检查：X线检查可见肺门瘀血或兼有肺水肿征。

（3）中毒性呼吸困难

1)代谢性酸中毒：病史有肾脏病、糖尿病史，有酸中毒时可出现深而慢的呼吸，尿毒症者可呼出尿氨味气体，糖尿病昏迷者呼出烂苹果味气体。

2)药物中毒：在药物中毒中最多见于吗啡类或巴比妥类中毒。这些药物可以抑制呼吸中枢，导致患者形成慢而浅的呼吸困难。

3)化学毒物中毒：在化学毒物中，常见的是一氧化碳中毒、氰化物中毒和亚硝酸盐中毒。

（4）血源性呼吸困难：常见于重症贫血、大出血、休克等所致的呼吸困难。血常规、血压检测有助于诊断。

（5）神经精神性呼吸困难：以年轻或更年期女性多见，发病前多有情绪激动或焦虑等精神因素。癔症发作，表现为突然发作的快而浅的呼吸，可因过度换气而出现呼吸性碱中毒和手足搐搦症；也可见于重症脑病，直接累及中枢而引起呼吸节律异常。

2. 鉴别诊断

（1）伴有高热、胸痛，多见于大叶性肺炎、肺脓肿、肺结核、胸膜炎、心包炎等。

（2）伴有气喘、发绀、咳嗽、咳粉红色泡沫痰,见于急性左心衰竭。

（3）伴有意识障碍,见于重症脑病、糖尿病昏迷、药物中毒、休克型肺炎等。

3. 治疗要点

（1）明确诊断,按病因治疗。

（2）保持呼吸道通畅,一般采用鼻导管给氧,对于严重缺氧者必要时气管插管或气管切开等。

（3）心源性还是肺源性呼吸困难难以区分时,应忌用吗啡或肾上腺素。

【处　方】 氨茶碱注射液 0.25g
5％葡萄糖注射液 250ml ｜ 静脉滴注。

（4）使用呼吸兴奋药。

【处方1】 洛贝林注射液 10mg,皮下或肌内注射。

【处方2】 尼可刹米注射液(可拉明)0.375g,肌内注射或静脉注射。

（5）哮喘发作时:可用抗组胺药及支气管解痉药治疗,严重者可用糖皮质激素治疗。

（6）应用机械呼吸辅助通气。

九、咯　血

咯血是指喉以下呼吸道任何部位的出血,经口咯出。小咯血一般指每次咯血量少于 100ml;中咯血指每次咯血量为 100～300ml;大咯血为 24 小时内咯血量超过 600ml 或 1 次超过 300ml。

1. 诊断要点

(1)咯血与呕血鉴别

1)咯血多为鲜红色,泡沫样,常常混有痰液;呕血多为暗红色或咖啡色,常混有食物残渣或胆汁。

2)咯血常伴有咽痒、咳嗽;呕血多伴有恶心、上腹部不适。

3)咯血者粪便多正常;呕血者大便多呈黑色或咖啡色,隐血试验阳性。

4)咯血多有肺或心脏病史;呕血多有食管、胃或肝病史。

5)咯血量一般较少;呕血量一般较多。

(2)咯血与咽、鼻、口腔出血相鉴别

1)咽、鼻、口腔出血,通过鼻咽镜及口腔检查进行区别。

2)鼻后部出血量较多时,易误诊为咯血,应注意鼻咽癌所致的出血,必要时可以通过鼻咽镜等检查给予确诊。

(3)引起咯血的常见疾病

1)呼吸系统疾病:肺结核、支气管扩张、肺癌、肺脓肿、支气管炎、气管异物、肺炎等。

2)心血管系统:风湿性心脏病二尖瓣狭窄、急性左心衰竭、肺栓塞、肺动脉高压、肺动静脉瘘等。

3)全身性疾病:血小板减少性紫癜、白血病、血友病、再生障碍性贫血、慢性肾衰竭等。

2. 鉴别诊断

(1)青壮年咯血伴有低热、盗汗、消瘦,常提示为肺结核;中老年咯血者有长期吸烟史,应考虑肺癌的可能性。

(2)咯血伴脓痰者,要考虑为肺化脓症和支气管扩张症。

(3)咯血伴咳嗽、心悸、气短者,提示二尖瓣狭窄。

(4)咯血伴胸痛、呼吸困难、气促者,多见于肺栓塞。

3. 治疗要点

(1)一般处理:卧床休息,取患侧卧位,保持呼吸道通畅,必要时行气管插管或气管切开。

(2)药物治疗

1)镇静

【处方1】 地西泮注射液(安定)10mg,肌内注射。

【处方2】 苯巴比妥钠注射液 0.1g,肌内注射。

2)镇咳:大咯血时一般不用镇咳药物,剧咳者可在血咯出后给予可待因片 30mg,口服。禁用吗啡。

3)止血

【处方1】 氨基己酸注射液 4～6g / 5%葡萄糖注射液 100ml 静脉滴注(15～20分钟)。

【处方2】 酚磺乙胺注射液(止血敏)0.5～0.75g / 10%葡萄糖注射液 500ml 静脉滴注。

【处方3】 安络血注射液 10mg,肌内注射,2/d。

【处方4】 垂体后叶素注射液 5～10U / 5%葡萄糖注射液 20～40ml 静脉注射(10～20分钟)。

继以垂体后叶素注射液 10～20U / 5%葡萄糖注射液 500ml 静脉滴注(高血压、冠心病、肺心病患者及孕妇禁用)。

【处方5】 酚妥拉明注射液 10～20mg / 5%葡萄糖注射液 250ml 静脉滴注(适用于忌垂体后叶素者)。

【处方 6】 普鲁卡因注射液 150～300mg
5％葡萄糖注射液 500ml ｜ 静脉滴注（使

用前需做皮试）。

【处方 7】 鱼精蛋白 50～100mg
25％葡萄糖注射液 40ml ｜ 静脉注射,1～2/d,

连续使用不超过 3d。

（3）输血:大咯血出现血容量不足时宜少量多次输血以补充血容量。

（4）手术治疗:适用于出血部位明确,内科治疗无效或合并窒息、休克者。

（5）支气管动脉造影并栓塞治疗:对于那些出血部位不明确,或存在手术禁忌的患者,可以明确出血部位,并达到较好的止血效果。

（6）大咯血窒息抢救

1）迅速平卧、将头偏向一侧,叩击患者背部。

2）用开口器扩开口腔,吸出口腔血液。如果血液在气管内,可通过支气管镜、气管插管吸出积血。

3）高浓度吸氧,氧气浓度大于 50％。

4）气管插管进行冲洗吸引。

十、呕　血

呕血是指屈氏韧带以上的消化道,包括食管、胃、十二指肠、胰、胆等病变引起的出血,以及胃空肠吻合术后的空肠病变出血等。

1. 诊断要点

(1)病史:常有食管、胃、十二指肠、胆管、胰腺等消化道病史,其他疾病如白血病、再生障碍性贫血、尿毒症、应激性溃疡、药物和毒物等也可引起。主要表现为呕血、黑粪、失血性休克,可伴有腹痛、出汗、乏力、肝脾大等。

(2)实验室检查:红细胞、血红蛋白和血细胞比容在急性出血后 3~4 小时开始减少,白细胞常升高,粪便隐血阳性,血尿素氮升高。内镜检查一般在出血后 12~24 小时进行,检查同时可进行激光、注射硬化剂等止血治疗。

(3)排除口鼻出血:有口鼻出血入胃后呕出。

(4)结合病史及伴随症状有助于明确诊断

1)呕血伴上腹痛。中青年,慢性反复发作的上腹痛,具有一定周期性与节律性,多为消化性溃疡;中老年,慢性上腹痛,疼痛无明显规律并有厌食及消瘦者,应警惕胃癌。

2)有肝区疼痛、肝大、质地坚硬、表面凹凸不平或有结节,血甲胎蛋白(AFP)阳性者,多提示肝癌。有肝硬化者,考虑食管胃底静脉曲张破裂。

3)剧烈呕吐后继而呕血,应注意食管贲门膜撕裂伤。

4)有药物和饮酒史,考虑急性胃黏膜损伤。

2. 治疗要点

(1)一般治疗:备血、吸氧、镇静、禁食及密切观察生命体征,建立静脉通道、补充血容量。

(2)药物治疗

【处方1】 云南白药粉 0.5g,口服,3/d。

【处方2】 去甲肾上腺素注射液 4~8mg　胃管内灌入,
生理盐水 100~200ml

1/0.5小时,3～4/d。

【处方3】 氨基已酸注射液 4～6g
5％葡萄糖注射液 100ml | 静脉滴注(15～20
分钟)。

或酚磺乙胺注射液(止血敏)0.5～0.75g
10％葡萄糖注射液 500ml | 静脉滴注。

【处方4】 法莫替丁注射液 20mg
生理盐水 100ml | 静脉滴注,2/d。

或奥美拉唑注射液 40mg
生理盐水 100ml | 静脉滴注,2/d(适用于消化性
溃疡呕血者)。

【处方5】 垂体后叶素注射液 10U
5％葡萄糖注射液 40ml | 静脉注射(15分钟)。

继以,垂体后叶素注射液 100U
5％葡萄糖注射液 500ml | 静脉滴注(以 0.2～
0.4U/分钟泵入,止血后每 12 小时减 0.1U/分钟,适用于食
管、胃底静脉曲张破裂者)。

(3)输血:出血量大者应补充血容量。

(4)内镜检查:可准确发现出血部位,且可在内镜下进行
激光、热治疗、注射硬化剂及止血夹等治疗。

十一、血　尿

新鲜尿离心沉渣高倍镜下每视野超过 3 个红细胞称镜下
血尿,1 000ml 尿中有 1ml 血液为肉眼血尿。

1.诊断要点

(1)根据病史考虑诊断

1)青少年持续性无痛性血尿多为肾小球疾病,中老年患者间歇性无痛性血尿多为泌尿系统肿瘤。

2)伴典型肾绞痛者多为输尿管结石。

3)伴腰痛多见于肾盂肾炎、肾结核、肾结石、肾肿瘤等。

4)伴膀胱刺激症状(尿频、尿急、尿痛)等,常见于膀胱炎、膀胱结核及肿瘤等。

5)40岁以前的血尿患者多见于肾炎、尿结石,40岁以上血尿患者多见于肿瘤、肾血管病变及前列腺疾病。

(2)排除假性血尿

1)排除子宫、阴道、直肠、痔疮出血及月经混入尿液或人为的血尿。

2)与红色尿鉴别。血红蛋白尿、肌红蛋白尿呈红色或酱油色,尿隐血试验阳性,但镜检无红细胞。某些药物如氨基比林、利福平、四环素族抗生素,某些染料如酚红及某些食物如紫萝卜等引起的红色尿,隐血试验阴性,镜检无红细胞。

(3)辅助检查

1)尿三杯试验。初始血尿见于尿道病变,终末血尿见于膀胱颈、膀胱三角区或前列腺病变;全程血尿多见于肾脏病变。

2)尿细胞学检查,尿红细胞位相显微镜检查。扁平状血块来源于膀胱,细长条凝血块来自输尿管,锥形或三角形凝血块来自肾脏。

3)尿细菌学检查,可作为泌尿系感染的证据。

4)肾、膀胱、前列腺B超或CT检查,肾血管造影,腹部X

线平片,静脉肾盂造影,可明确或排除肿瘤、结石等情况。

5)膀胱镜及输尿管镜检查,可对下尿路、膀胱及输尿管中下段的出血情况做出定位诊断。

2. 治疗要点

(1)诊断明确者,针对病因治疗:如对尿路感染者进行抗感染治疗;结石患者进行排石治疗;肿瘤患者首先考虑手术治疗。

(2)诊断不明确者做以下处理

1)追踪观察,对青少年血尿应每月做一次动态尿常规检查;对 40 岁以上的血尿除尿常规检查外,应定期做尿病理学检查,每年做 1 次静脉肾盂造影检查,必要时行膀胱镜检查。

2)血尿严重者应卧床休息,给少量镇静药等。

3)肾绞痛者可给解痉药,诊断明确后,可使用强镇痛药。

4)止血药,可选用维生素 K、卡巴克洛等。氨基己酸、氨甲苯酸等抗纤溶药物,因有阻塞尿路的可能,须慎用。

5)必要时输血、补液治疗。

6)避免使用损害肾脏的药物。

十二、胸 痛

1. 诊断要点

(1)病史:发病年龄、起病缓急、胸痛部位、性质、持续时间、诱因、有无放射痛、加重及缓解方式、伴随症状等。

(2)体格检查:注意表情、精神、体位及生命体征。胸部检查有无胸部膨隆、畸形、皮疹,以及有无反常呼吸运动、心脏杂音、摩擦音等。

（3）辅助检查：血、尿、便常规，动脉血气分析，肝功能、肾功能、电解质及心肌酶、肌钙蛋白等。心电图，B型超声检查，胸、腹部 X 线检查等。

2. 鉴别诊断

（1）心源性

1）心绞痛：胸骨后或心前区绞痛或闷痛，持续时间短，体力活动或饱餐后容易诱发，休息或舌下含服硝酸甘油可缓解。

2）心肌梗死：多在劳累后发生，疼痛性质更剧烈，持续时间可达数小时，常伴有休克、心律失常及心力衰竭等，含服硝酸甘油无效。

3）主动脉夹层：突然发生剧烈的、持续的、撕裂样或挤压样胸痛，且向背部放射。

（2）非心源性

1）胸壁疾病：①肋间神经痛。胸痛为刺痛、窜痛并沿肋间神经分布，在脊柱旁、腋中线、胸骨旁较明显。②带状疱疹。一侧胸部剧烈刀割样痛或灼痛，夜间重，胸壁出现疱疹，呈带状分布。③胸壁蜂窝织炎。胸痛伴局部红、肿、热及压痛。

2）呼吸系统疾病：①自发性气胸。在持重物、深吸气或剧烈咳嗽后突然发病，胸痛、干咳、呼吸困难，肺叩诊呈过清音、呼吸音减弱、气管移位。②胸膜炎。胸廓下部刺痛或撕裂痛，随呼吸加剧，可有胸腔积液体征或胸膜摩擦音。③支气管肺癌。多见于中年以上，尤其长期大量吸烟者，起病较缓慢，无规律胸部钝痛，伴有痰中带血或刺激性干咳、消瘦等。

3）其他：如纵隔肿瘤、膈下脓肿、食管疾病等。

3. 治疗要点

（1）一般治疗：卧床休息，密切观察血压、脉搏、呼吸、体温等变化。

(2)病因治疗:尽快明确诊断,给予对症治疗。例如,心绞痛应立即卧床休息,吸氧,舌下含服硝酸甘油,缓解期再做进一步扩冠等治疗;急性心肌梗死应绝对卧床休息,吸氧、镇静镇痛,静脉滴注硝酸甘油等,尽早溶栓或行介入治疗;自发性气胸给予胸腔排气或外科手术等治疗。

(3)其他:应用镇痛药物,可选用阿司匹林片 0.3～0.6g,口服;或对乙酰氨基酚片 0.25～0.5g 口服。亦可加用地西泮片 5mg,口服。

十三、腹　泻

1. 诊断要点

(1)多有不洁饮食、旅行、聚餐等病史。

(2)急性腹泻一般起病急、病程短,常为感染或食物中毒所致。急性感染性腹泻,每天排便次数多达 10 余次,多伴有腹痛,如为细菌感染,常有脓血便或黏液血便。慢性腹泻起病缓慢,病程较长,多见于慢性感染、非特异性炎症、吸收不良、肠道肿瘤或神经功能紊乱等。慢性腹泻多为稀便,也可带黏液、脓血。

(3)辅助检查

1)粪便检查:外观分为黄色稀水便、黏液便、脓血便、全血便等。镜检白细胞增多表示肠黏膜受损,产生炎症。镜检还有助于寄生虫肠病的诊断。粪便培养是诊断细菌性肠炎的重要方法。

2)内镜检查:急性腹泻患者一般不做该检查。慢性腹泻为明确诊断,可行内镜检查、病理活检及培养,帮助定性定位诊断。

3)影像学检查:如 X 线、超声、CT、磁共振等可协助诊断。

2. 鉴别诊断

(1)因直肠受刺激后产生频繁的便意,如宫外孕破裂,但大便总量及含水量并未增多,<300 克/天,则属于假性腹泻。

(2)伴发热者,多见于急性细菌性痢疾、伤寒或副伤寒、肠结核、克罗恩病、溃疡性结肠炎急性发作期等。

(3)伴里急后重,见于结肠直肠病变为主者,如急性痢疾、直肠炎症或肿瘤等。

(4)伴重度失水,常见于分泌性腹泻,如霍乱、细菌性食物中毒等。

3. 治疗要点

(1)一般治疗:卧床休息,清淡饮食。

(2)药物治疗

1)控制感染、止泻、解痉镇痛

【处方1】 多黏菌素片每日 5 万～10 万 U/kg,分 3～4 次口服。

【处方2】 盐酸小檗碱片 0.3g,口服,2/d。

【处方3】 诺氟沙星胶囊 0.2g 或氧氟沙星胶囊 0.2g,口服,2/d(儿童忌用)。

【处方4】 思密达(蒙脱石散),1 袋,口服,3/d。

【处方5】 复方地芬诺酯片,1～2 片,口服,2～3/d。

【处方6】 山莨菪碱片 10mg 或阿托品片 0.6mg,口服。

2)补液:无论有无脱水症状,只要有水和电解质去失,均应给予口服补液盐。严重者静脉补液,原则是先盐后糖、先快后慢、见尿补钾、量入为出。对于大量腹泻应及时预防、纠正水、电解质紊乱及酸碱失衡等。

（3）手术治疗：对于结肠癌、内分泌肿瘤、胰腺占位病变等应尽早手术治疗。

十四、外科急性腹痛

1. 诊断要点

（1）根据腹痛性质进行区分

1）炎性腹痛

①起病缓，腹痛呈持续性逐渐加重，疼痛与腹部体征常局限于病变部位。

②先腹痛后伴发热。

③多有压痛、反跳痛、腹肌紧张、拒按。

④白细胞计数及中性粒细胞有不同程度的升高。

根据腹痛部位，多考虑如下疾病：急性阑尾炎在右下腹；急性胆囊炎在右上腹；急性胰腺炎在中上腹稍偏左。

2）穿孔性腹痛

①起病急，发展快，突然出现持续性剧烈腹痛，逐渐波及全腹。

②有明显的弥漫性腹膜刺激征。

③肠鸣音减弱或消失，肝浊音界缩小或消失。

④X线检查，膈下游离气体多见于空腔脏器穿孔。

3）出血性腹痛

①常有外伤史、停经史，以出血性休克为主要表现。

②腹部胀痛，有移动性浊音。

③腹腔穿刺可抽出不凝血液。

④外周血红细胞及血红蛋白均下降。

根据早期腹痛部位多考虑如下疾病:肝破裂在右上腹;脾破裂在左上腹;宫外孕在下腹部。

4)梗阻性腹痛:突然剧烈腹痛,呈阵发性绞痛,阵痛之间可缓解(早期腹膜刺激征不明显)。

根据症状及体征多考虑如下疾病:胆石症为右上腹痛伴黄疸,发冷发热;肠梗阻为脐周围痛伴腹胀、肠型、肠鸣音亢进、无排气排便;泌尿系结石为患侧腰痛,放射至同侧大腿根部、会阴,伴有血尿。

5)绞窄性腹痛

①起病急,呈持续性绞痛,阵发性加重,阵痛之间不缓解。

②腹部有压痛,可触及包块。

③严重时可有恶心呕吐,后期有血性粪便。

④腹腔诊断性穿刺有恶臭味血性液。

⑤腹部 X 线平片有阶梯状液平面。

根据部位、体征多考虑下列疾病:脐周多为小肠扭转;左下腹多为乙状结肠扭转;右下腹多为肠套叠;女性下腹痛多为卵巢囊肿蒂扭转。

6)血管栓塞性腹痛

①发病急,中老年患者常有冠心病、风心病、心房纤颤和动脉硬化等具有栓子来源的病史。

②突然剧烈的腹痛,但腹部阳性体征很少。症状与体征不符是本病早期的一个特点。

③几小时后有腹胀、恶心、呕吐,腹部有压痛、反跳痛,肠鸣音消失,可有腹泻与便血。

④白细胞明显升高,多在 $20\times10^9/L$ 以上。

⑤X线检查可见肠梗阻征象。

根据症状及体征要考虑肠缺血综合征。它包括一组疾病,特别是急性肠缺血综合征中的急性肠系膜上动脉栓塞和血栓形成、急性肠系膜静脉血栓形成、急性非闭塞性肠系膜血管缺血和急性结肠缺血的诊断。

(2)根据伴随症状进行区分:伴发热的提示为炎症性病变;伴吐泻的常为食物中毒或胃肠炎,仅伴随有腹泻的为肠道感染,伴呕吐可能为胃肠梗阻、胰腺炎;伴黄疸的提示胆道疾病;伴便血的可能是肠套叠、肠系膜血栓形成;伴血尿的可能是输尿管结石;伴腹胀的可能是肠梗阻;伴休克的多为内脏破裂出血、胃肠道穿孔并发腹膜炎等。而上腹痛伴发热、咳嗽等要考虑肺炎的可能,上腹痛伴心律失常、血压下降则要考虑心肌梗死。

(3)急性腹痛五大特殊检查的意义

1)X线检查:在腹痛诊断中应用最广。膈下发现游离气体,胃肠道穿孔即可确诊。肠腔积气扩张、肠中多数液平则可诊断肠梗阻。输尿管部位的钙化影可提示输尿管结石。腰大肌影模糊或消失,提示后腹膜炎症或出血。X线钡剂或钡灌肠可诊断胃及十二指肠溃疡、肿瘤等。胆道系统造影可发现胆系和胰腺疾病。

2)B超:对肝、胆、胰疾病的鉴别诊断有重要意义,在超声引导下,可行肝脏穿刺,用于肝脏疾病的诊断和治疗。

3)心电图:可排除心肌梗死引起的腹痛。

4)化验:血清淀粉酶增高提示胰腺炎,血清胆红素增高提示胆道疾病,血白细胞增高提示炎症,尿出现红细胞提示结石、肿瘤或外伤,血便提示绞窄性肠梗阻、肠系膜血栓栓塞、出血性肠炎。

5)诊断性腹穿:有利于鉴别炎症和出血。

2. 治疗要点

(1)维持血压、脉搏、呼吸、体温、尿量、神志等正常。

(2)根据临床各项监测纠正水、电解质、酸碱失衡。

(3)应用抗生素需尽早、足量,联合应用广谱抗生素及对厌氧菌敏感的甲硝唑等。

(4)针对具体疾病选择性应用禁食、胃肠减压、吸氧、留置尿管等。

(5)注意纠正休克,预防多器官系统功能衰竭(MOSF)的发生。

(6)急性腹痛有以下情况应考虑外科处理:①持续 6 小时以上不缓解。②白细胞很高。③腹胀。④肠鸣音改变。⑤有腹膜刺激症状(明显压痛、腹肌紧张、反跳痛)。⑥肝浊音界消失。⑦伴有休克。⑧有包块。

(7)外科急腹症原则上应早期转送入院行手术治疗。

第二章　常见内科急症

一、休　克

休克是多种不同致病因素导致的有效循环血量急剧减少,组织细胞灌注严重不足,导致各重要器官和细胞功能代谢障碍及结构损害为主的综合征。传统上将休克分为低血容量性休克、心源性休克、分布性休克、梗阻性休克、分离性休克。

1. 诊断要点

(1)有感染、失血、脱水、过敏、心脏病、创伤等发生休克的病因。

(2)有面色苍白、末梢发绀、皮肤湿冷、脉细速(>100 次/分钟)、呼吸表浅、尿少(少于 20ml/h)、表情淡漠或烦躁不安、反应迟钝、神志模糊甚至昏迷等表现。

(3)收缩压<80mmHg,脉压差<20mmHg,原有高血压者收缩压较原有水平下降 30% 以上。

2. 治疗要点

(1)治疗总则:积极去除病因,努力改善组织灌流,最大限度保护脏器功能。主要措施:①保持适当体位,下肢抬高 20°～30°与平卧位交替。②保持呼吸道通畅,给氧,流量 4～6L/分钟。③监测患者血压、脉搏、心率、尿量。④建立静脉通道。

（2）药物治疗

1）补充血容量

【处方 1】 生理盐水 500～1 000ml,静脉滴注。

（或用 5％葡萄糖盐水、林格液等）

【处方 2】 低分子右旋糖酐液 500ml,静脉滴注。

（或用羟乙基淀粉、血浆和全血等）

2）纠正酸中毒

【处　方】 5％碳酸氢钠注射液 150～200ml,静脉滴注。

3）血管活性药物

【处方 1】 多巴胺注射液 20～100mg
5％葡萄糖注射液 500ml $\Big|$ 以 1～10μg/(kg·

分钟)的速度静脉滴注。

【处方 2】 多巴酚丁胺注射液 40～80mg
5％葡萄糖注射液 250～500ml $\Big|$ 以 2～10μg/

(kg·分钟)的速度静脉滴注。

【处方 3】 异丙肾上腺素注射液 1～2mg
5％葡萄糖注射液 250～500ml $\Big|$ 静脉滴注。

（初始剂量以 0.5μg/分钟为宜,每 5～10 分钟增加剂量至适度,速度为 2～10μg/分钟。适用于面色苍白、四肢厥冷、脉搏细弱及心率缓慢、尖端扭转型室性心动过速等。）

【处方 4】 间羟胺注射液 20～100mg
5％葡萄糖注射液 250～500ml $\Big|$ 以 8～15μg/

(kg·分钟)静脉滴注。

【处方 5】 酚妥拉明注射液 10mg
5％葡萄糖注射液 250ml $\Big|$ 以 80～160μg/分钟

静脉滴注。

【处方6】 去甲肾上腺素注射液 1~2mg
5％葡萄糖注射液 500ml ｜ 开始以 0.5~

1μg/分钟静脉滴注,一般用 2~8μg/分钟。

【处方7】 肾上腺素注射液 0.2~0.5mg,皮下或肌内注射(用于抗过敏)。肾上腺素注射液 0.5~1mg,皮下或肌内注射(用于过敏性休克)。

【处方8】 硝酸甘油注射液 5mg
5％葡萄糖注射液 500ml ｜ 静脉滴注(从 10μg/

分钟开始,以后每 5 分钟增加 5~10μg/分钟,维持量可达到 50~100μg/分钟)。

3. 各类型休克的处理

(1)感染性休克

1)补充血容量:休克时因血容量相对不足,必须尽快给予液体复苏,可选用生理盐水、低分子右旋糖酐或平衡液。在前 1~2 小时滴入 500~1 000ml,以后根据病情而定。对于老人和肝肾功能不全者不宜过快过多补充液体。如补液量达到 15~20ml/kg 时,血压仍低于 90mmHg,可同时给予升压药。如血细胞比容＜30％可同时输血。液体补充后尿量应达 30ml/h 以上。

2)控制感染:应在使用抗生素前进行血培养,先予以广谱抗生素,确定病原菌后再选用合适的抗生素。

3)血管活性药应用:目的是提高血压和改善内脏器官灌注。常用拟交感胺类中的多巴胺、间羟胺等缩血管药;在使用血管扩张药时,山莨菪碱或东莨菪碱、阿托品效果较好。山莨菪碱注射液(654-2)10~20mg 静脉注射,每 10~30 分钟给药

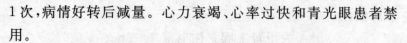

1次,病情好转后减量。心力衰竭、心率过快和青光眼患者禁用。

4)纠正酸中毒:根据血气检查结果给予5%碳酸氢钠。

5)其他:肾上腺皮质激素具有抗炎、抗毒素、抑制血小板聚集、保护血管内皮细胞、稳定溶酶体膜增强心肌收缩力等抗休克作用。地塞米松注射液10~20mg或氢化可的松注射液100~200mg,每4~6小时静脉给药1次,连用2~3日。

纳洛酮液注射液0.4mg静脉注射,每4小时给药1次,总量可达1.2mg。

(2)过敏性休克

1)立即停用致敏药物。

2)皮下或肌内注射0.1%肾上腺素注射液0.5~1mg。必要时10~15分钟后重复。严重者可用肾上腺素注射液0.5~1mg加生理盐水10ml,静脉注射。

3)地塞米松注射液10~20mg或氢化可的松注射液200~500mg或甲泼尼龙注射液100~500mg,静脉注射及静脉滴注。

4)肌内注射异丙嗪注射液(非那根)25~50mg,或10%葡萄糖酸钙注射液10~20ml稀释后缓慢静脉注射。

5)伴有支气管痉挛者可用氨茶碱注射液0.25g、地塞米松注射液10mg加入50%葡萄糖注射液缓慢静脉滴注。

6)喉头水肿者,立即气管切开。

7)顽固性低血压,可选用去甲肾上腺素、间羟胺(阿拉明)等,以维持血压稳定。

(3)心源性休克

1)根据病情决定补液量:心源性休克补液时应非常慎重,

最好能根据肺毛细血管楔压(PCWP)水平指导。无监测条件时,可先以 5% 葡萄糖注射液 2～5ml/分钟速度滴入,每5～10分钟根据尿量、心率、血压和肺部啰音等临床表现调整。

2)血管活性药物:升压或增加心排血量的药物可选用多巴胺注射液 5μg/(kg·分钟)、间羟胺注射液(阿拉明)8～15μg/(kg·分钟)、多巴酚丁胺注射液 5～10μg/(kg·分钟)。一般经验认为,间羟胺与多巴胺联合应用效果好,不良反应少。

3)血管扩张药的应用:如心排血量降低及肺充血时用硝酸甘油,降低前负荷,剂量为 15～30μg/分钟静脉滴注。如肺充血不明显,心排血量降低伴外周阻力升高,可应用酚妥拉明,开始 0.1～0.3mg/分钟,可增至 1mg/分钟。迅速减轻心脏负荷的药物可选用硝普钠 25～50mg 加入葡萄糖注射液 250～500ml 缓慢静脉滴注,从小剂量(5～10μg/分钟)开始逐渐调整。

4)强心药:可用毛花苷 C 注射液(西地兰)首剂 0.4mg,必要时 4～6 小时后再用半量。第一天总量不超过 0.8mg。急性心肌梗死最初 24 小时一般不用洋地黄制剂。

5)其他:纳洛酮注射液 0.4～0.8mg 静脉注射,必要时 2～4 小时重复。

6)主动脉内球囊反搏(IABP):主动脉内球囊反搏具有操作简单、创伤小的特点,现已广泛应用于临床,是目前心源性休克最有效的支持性治疗措施之一。

(4)低血容量性休克

1)补充血容量,输入液体的种类、数量和速度应根据患者容量丧失的性质、严重程度和临床表现来确定。原则是"需多少,补多少",先输含钠晶体液,后输胶体液或全血,补液速度先快后慢。

2)血管活性药物一般不宜早期、过多使用,如血容量基本补足,血压仍不回升,可用多巴胺、间羟胺等。

3)外伤者视情况适当给镇痛药、抗生素。

4)查明原因,及时去除病因。

(5)神经源性休克

1)立即皮下注射 0.1‰肾上腺素注射液 0.5~1mg,必要时隔 5~15 分钟再次皮下注射。

2)扩充血容量,酌用肾上腺皮质激素和血管活性药物。

3)由剧痛引起的休克,应给予吗啡注射液 5mg 或哌替啶注射液 50mg,肌内注射,止痛;由安眠药中毒引起者,迅速彻底洗胃,必要时血液净化。

4)对症支持治疗,维持水、电解质、酸碱平衡及保持各器官功能。

二、呼吸和心搏骤停

1. 诊断要点

(1)突然意识丧失,或伴有全身抽搐。

(2)呼吸停止、面色苍白或发绀、瞳孔散大。

(3)颈动脉搏动消失。

若患者意识丧失,没有呼吸,对刺激无任何反应(如眨眼或肢体移动),即可判定为呼吸和心搏骤停,应立即行 CPR。

检查患者有无脉搏需要一定时间,而且判断经常有误,故对非专业急救人员,在行 CPR 前不再要求将检查颈动脉搏动作为一个诊断步骤,只检查循环体征,如呼吸、咳嗽(反射)或对刺激的反应。但对专业急救人员仍要求检查脉搏,以确认循环状态。

在2010年国际指南中,扩展和深化了急救生命链的概念,增加了新的环节。新指南中急救生命链的概念包括:①立即识别心脏骤停,启动急救系统。②立即开始CPR,着重胸外按压。③快速除颤。④有效的高级生命支持。⑤复苏后的综合治疗。

2. 治疗要点

(1)院前心肺复苏抢救主要操作是胸外按压、开放气道、人工呼吸和电除颤。

1)胸外按压:CPR时胸外按压是在胸骨中、下1/3处提供压力,通过增加胸内压或直接挤压心脏产生血液流动,并辅以适当呼吸,为脑和其他重要器官提供充足氧气以利于电除颤。

胸外按压技术:①患者应该以仰卧位躺在硬质平面,保证最佳的按压效果。②用手指触到靠近施救者一侧患者的胸廓下缘,手指向中线滑动,找到肋骨与胸骨连接处。③将一手掌贴在紧靠手指的患者胸骨的下半部,另一手掌重叠放在这只手背上,手掌根部长轴与胸骨长轴确保一致,保证手掌全力压在胸骨上,肘关节伸直,上肢呈一直线,双肩正对双手,以保证每次按压的方向与胸骨垂直。④每次按压后,双手放松使胸骨恢复到按压前的位置,无论手指是伸直,还是交叉在一起,都应离开胸壁,手指不应用力向下按压。⑤在5次按压周期内,应保持双手位置固定,不可将手从胸壁上移开,每次按压后让胸廓回复到原来位置再进行下一次按压。⑥急救者应定时更换角色,以减少因疲劳而对胸部按压的幅度和频率产生不利影响。如果有 2 名或更多急救者在场,应每 2 分钟(或在 5 个比例为 30∶2 的按压与人工呼吸周期后)更换按压者,每次更换尽量在 5 秒内完成。

有效按压标准:①对正常形体者按压幅度至少约 5cm,最理想的按压效果是可触及颈或股动脉搏动。②按压频率至少为 100 次/分钟,进行连续有效的用力压、快速压是至关重要的。③每次按压与放松间隔一致,可产生有效的脑和冠状动脉灌注压。④每次按压后使胸廓重新恢复到原来的位置。⑤按压时尽量减少中断,按压通气比率为 30∶2(图 1)。

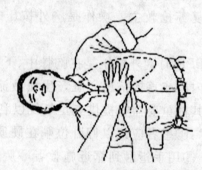

找胸骨体下半部及手的正确位置

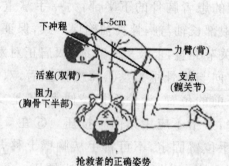

抢救者的正确姿势

图 1 胸外心脏按压

2)开放气道:一般情况下舌根后坠常常是造成呼吸道阻塞最常见原因,首先要清除患者口中的异物和呕吐物。一般采用的是仰头抬颏法开放气道。

①仰头抬颏法。应把一只手放在患者前额,用手掌把额头用力向后推,使头部向后仰,另一只手的手指放在下颏骨处,向上抬颏,使牙关紧闭,下颏向上抬动,勿用力压迫下颌部软组织。

②托颌法。把手放置患者头部两侧,肘部支撑在患者躺的平面上,抓紧下颌角,用力向上托下颌,如患者紧闭双唇,可用拇指把其口唇分开。如需行口对口呼吸,则将下颌持续上托,用面颊贴紧患者鼻孔。此法适用于怀疑有头颈外伤者。

3)人工呼吸:开放气道后观察患者有无呼吸。如无呼吸,应立即进行人工呼吸。给予 2 次紧急吹气,每次吹气超过 1 秒。在 CPR 过程中,各种通气方式包括口对口、口对鼻、面罩通气和高级气道通气,均推荐持续 1 秒,给予有效潮气量,看到患者胸部起伏,并避免快速或用力吹气。

①口对口通气。用保持患者头向后仰的一只手的拇、食二指捏住患者鼻孔,急救者用口唇把患者的口全罩住,呈密封状,进行吹气(图 2)。

②口对鼻通气。适用牙关紧闭、口唇外伤和溺水者。口对鼻通气时,将一只手置于患者前额后推,另一只手抬下颏,使口唇紧闭。用嘴封罩住患者鼻子,深吹气后口离开鼻子,让呼气自动排出。必要时,间断使患者口开放,或用拇指分开口唇,这对有部分鼻腔阻塞的患者呼气非常重要(图 3)。

③口对面罩通气。用透明有单向阀门的面罩,可将急救者呼气吹入患者肺内,有的面罩有氧气接口,以便口对面罩呼

吸时同时供氧。用面罩通气时双手把面罩紧贴患者面部,闭合性好,通气效果好。此法可避免与患者口唇直接接触。

图2　口对口通气

图3　口对鼻通气

④球囊面罩装置。使用时可提供正压通气。对已经安放了通气装置(如气管插管、食管气管双腔通气管、面罩通气)的婴幼儿(新生儿除外)、儿童及成年患者,其换气频率为8～10次/分钟。

4)电除颤:发生心脏骤停的患者,80％为心室纤颤,终止心室纤颤最有效的方法就是电除颤。

除颤波形和能量选择:除颤器释放能量应是能终止室颤

的最低能量,能量和电流过大会导致心肌损伤。双相波选择能量200J、单相波360J。

(2)心电监护:有条件应及早进行心电监护,以处理严重心律失常。考虑使用气道辅助装置通气和给氧。

(3)尽快建立静脉通道,进行药物复苏

1)肾上腺素:肾上腺素1mg静脉注射或气管内注射(2mg用注射用水10ml稀释,针尖和气管中线垂直,经环甲膜韧带处刺入1.5cm后注药),可5分钟重复1次。近年来,有主张肾上腺素剂量是0.05~0.1mg/kg,可提高心肺复苏的成功率。

2)胺碘酮:用于室颤和无脉室速,对CPR、除颤、肾上腺素、血管加压素无反应者考虑使用,可提高这类患者成活率,首剂量300mg,第二次剂量为150mg。

3)血管加压素:血管加压素是心脏骤停时有效的一线选择药物。在1mg肾上腺素对自主循环恢复无效时,可考虑应用40U的血管加压素。室颤或无脉室速,可用40U的血管加压素替代首剂量或第二次剂量的肾上腺素。

4)腺苷:建议使用,因为它不但安全,而且在未分化的、规律的、单型性、宽QRS波群心动过速的早期处理中,对于治疗和诊断都有帮助。

5)碳酸氢钠:静脉输注碳酸氢钠现已不作为常规,只有在除颤和气管插管后酸中毒持续存在时才有指征使用。可用碳酸氢钠1mmol/kg(5%碳酸氢钠50~100ml),以后根据血气测定和检验结果再给药。

(4)停止复苏和通报病情:停止复苏是一个很难的决定。如果对心脏骤停患者实施了30分钟的专业复苏,仍没有生还的迹象,在与患者家属充分沟通后,取得知情同意,可停止治疗。在某些特殊情况,如触电、溺水、低温等所致心脏骤停患者,复苏时间应适当延长。

三、心绞痛

心绞痛是由于冠状动脉供血不足使心肌需氧和供氧之间暂时失去平衡而发生心肌缺血的临床综合征。其特点为阵发性的前胸压榨性疼痛,心绞痛多见于 40 岁以上,劳累、情绪激动、心律失常、饱食、受寒、阴雨天气、急性循环衰竭等为常见诱因。

1. 诊断要点

(1)稳定型心绞痛:指反复发作的心绞痛,持续 2 个月以上,而且其发作性质基本稳定的临床表现。症状以发作性胸痛为主要临床表现,典型的疼痛部位为胸骨后或左心前区,有时放射到左臂及沿左臂内侧到达小指及无名指,或到达颈、下颌及左肩胛或上腹部。疼痛性质常为压榨、烧灼、憋闷、窒息或紧缩性。多持续 10 分钟或更短,不超过 30 分钟。休息或含服硝酸甘油后数分钟内(很少超过 5 分钟)缓解。

(2)不稳定型心绞痛:指介于稳定型心绞痛和急性心肌梗死之间的一组临床心绞痛综合征,它是在粥样硬化病变的基础上,发生了冠状动脉内膜下出血、斑块破裂、破损处血小板与纤维蛋白凝集形成血栓、冠状动脉痉挛,以及远端小血管栓塞引起的急性或亚急性心肌供氧减少所致。主要包括以下几种类型。

1)初发型心绞痛:新近 1 个月内发生心绞痛,或已数月不发作的稳定型心绞痛现再次发作者。

2)恶化劳力型心绞痛:既往有心绞痛的患者在3个月内疼痛的频率、程度、时限、诱发因素经常变化且进行性恶化。诱发心绞痛的活动阈值明显降低。

3)卧位型心绞痛:平卧时发生,需立即坐起或站立方可缓解。发作时间较长,症状也较重,常发生在半夜,偶在午睡或休息时。服硝酸甘油疗效不显或能暂时缓解。

4)静息心绞痛:心绞痛发生在休息或安静状态,发作持续时间相对较长。包括变异型心绞痛及自发型心绞痛。

5)心肌梗死后心绞痛:急性心肌梗死发生后1个月内又出现的心绞痛,因未坏死的心肌严重缺血所致,随时有再发心肌梗死的可能。

(3)体征:平时无异常体征,发作时心率加快,血压升高,皮肤湿冷。个别听诊心尖区可闻及收缩期杂音。

(4)特殊检查

1)心电图:不发作时心电图大多正常。发作时可表现为一过性ST段压低或抬高表现、R波振幅变小。运动负荷心电图检查,当出现可逆性ST段水平型或下垂型压低$\geq 0.1 mV$,持续2分钟为阳性。

2)生化检查:血脂、血糖、肝肾功能及心肌酶等,有助于诊断。

3)放射性核素检查:有助于鉴别心肌缺血。

4)冠状动脉造影:可明确诊断。

2. 鉴别诊断

(1)急性心肌梗死:疼痛性质更剧烈,持续时间可达数小时,常伴有休克、心律失常及心力衰竭等。心电图可有明确的

ST 段改变,病理性 Q 波出现;实验室检查可有心肌酶学的改变,以上可协助诊断。

(2)心脏神经症:多见于中年女性,胸痛多为短暂的刺痛或持久的隐痛,多在疲劳之后出现,常伴有心悸、疲乏及其他神经衰弱的症状。

(3)其他:还须与肋间神经痛、食管病变、消化性溃疡、颈椎病等相鉴别。

3. 治疗要点

(1)一般治疗:纠正危险因素,改变不良生活习惯。急性期应立即卧床休息,消除诱因,吸氧 2～4L/分钟。

(2)药物治疗

1)抗心肌缺血治疗

【处方 1】 硝酸甘油片 0.3～0.6mg 舌下含服,必要时 5～10 分钟重复 1 次或硝酸异山梨醇酯片(消心痛)5～10mg 舌下含服。

【处方 2】 硝酸甘油注射液 5mg ┃ 静脉滴注(5～10μg/分
5% 葡萄糖 250ml ┃
钟开始,逐渐加量至症状缓解)。

2)抗血小板治疗及抗凝治疗

【处方 1】 阿司匹林片,首剂 300mg ,然后 100mg/d,口服。

【处方 2】 氯吡格雷片,首剂 300mg,然后 75mg/d,口服。

【处方 3】 肝素钠注射液 6 250U 皮下注射,1/12 小时,用 4～7d 后减量,共用 7～10d;低分子肝素注射液 0.2～0.4mg,皮下注射,2/d。主要用于不稳定型心绞痛。

3)转化酶抑制药:能稳定斑块,防止左心扩大,预防心力衰竭,减少心肌梗死及心血管事件的发生。如贝那普利片10mg,1/d。

4)他汀类药物:具有稳定斑块预防血栓形成、抗炎效应,改善血管内皮功能的独立于调脂之外的作用。如辛伐他汀片10mg,1/晚。

(3)血运重建:包括经皮冠状动脉介入治疗和冠状动脉旁路移植术。

四、急性心肌梗死

1. 诊断要点

(1)有发病诱因和先兆症状:其中不稳定型心绞痛是最常见的心肌梗死前驱症状。

(2)主要表现:突发性胸骨后压榨性疼痛,可放射至上肢或下颌,持续时间半小时以上,休息和服用硝酸甘油一般无效。严重者可有濒死感。不典型症状在老年患者中多见,以呼吸困难、心力衰竭最为多见。首发症状还有上腹疼痛、恶心、呕吐、心律失常、休克、猝死、晕厥等。

(3)体征:心率增快,心音弱,心尖区可出现收缩期杂音、心包摩擦音、第三或第四心音。

(4)辅助检查:①心电图改变。首次应做18导联描记(V_7、V_8、V_9 及 V_3R、V_4R、V_5R)。特征性动态演变为:早期出现异常高大 T 波;很快进入急性期典型的 ST 段抬高弓背向上,伴对侧导联 ST 段对应性压低;1~2 小时后渐出现病理性 Q 波和 R 波消失,T 波早期高耸,后渐降至倒置。并可出现各种类型心律失常。②心肌酶学和心肌蛋白测定。包括肌红蛋白、肌钙蛋白、CK、CK-MB 等,肌红蛋白阴性有助于排除 AMI 诊断。cTnT 或 cTnI 因其灵敏度高、特异性强,发病出现较早,并持续时间长,是目前诊断心肌损伤较好的确定标志物。

2. 鉴别诊断

(1)心绞痛:多有劳累、情绪激动等诱因,疼痛时间短,服用硝酸甘油可显著缓解,心电图无变化或暂时性 ST 段和 T 波变化。

(2)急性心包炎:疼痛与发热同时出现,呼吸和咳嗽时加重,早期即有心包摩擦音,全身症状不如心肌梗死严重。

(3)急性肺栓塞:突发胸痛、咯血、呼吸困难和休克。心电图示 Ⅰ 导联 S 波加深,Ⅲ 导联 Q 波显著,T 波倒置等特征性改变,血浆 D-二聚体对急性肺栓塞有较大的排外诊断价值,若其含量低于 $500~\mu g/L$,可基本除外急性肺栓塞。

(4)其他:还应与主动脉夹层、急腹症等相鉴别。

3. 治疗要点

(1)一般处理:绝对卧床休息,吸氧 3～6L/分钟,迅速建立静脉通道,密切监测生命体征。

(2)药物治疗

1)改善心肌供血

【处方 1】 硝酸甘油片 0.3～0.6mg 舌下含服,必要时 5～10 分钟重复 1 次或硝酸异山梨酯片(消心痛)5～10mg 舌下含服。

【处方 2】 硝酸甘油注射液 5mg 5％葡萄糖注射液 250ml 静脉滴注（5～10μg/分钟开始,逐渐加量至症状缓解）。

2)镇静镇痛

【处方 1】 吗啡注射液 2~4mg,静脉注射,必要时 15~30 分钟重复 1 次。

【处方 2】 哌替啶注射液 50~100mg,肌内注射,必要时 1~2 小时可重复 1 次。

3)抗血小板治疗

【处方 1】 阿司匹林片 300mg 嚼服,以后 100mg/d,口服。

【处方 2】 氯吡格雷片首剂 300mg,以后 75mg/d,口服。

4)抗凝治疗

【处　方】 肝素注射液:首剂肝素 5 000U 静脉滴注,继以 500~1 000U/h 静脉滴注,持续 3d 后改为 7 500U 皮下注射,每 12 小时 1 次,用 2~3d。年龄小于 75 岁可应用低分子肝素替代普通肝素,如依诺肝素注射液 30mg 静脉推注,随后 1.0mg/kg 皮下注射,每 12 小时 1 次至出院。

5)溶栓治疗

【处方 1】 链激酶(SK)150 万 U ┃ 静脉滴注(1 小时内滴 0.9%氯化钠 100ml ┃ 完)(需先用 1 000U 做过敏试验)。

【处方 2】 尿激酶(UK)150 万 U ┃ 静脉滴注(1 小时内 0.9%氯化钠 100ml ┃ 滴完)。

【处方 3】 重组组织型纤溶酶原激活剂注射液(rtPA) 10mg 加入 0.9%氯化钠 10ml 中,静脉推注,继而 50mg 加入 0.9%氯化钠 100ml 于 1 小时内滴完,再 40mg 于 2 小时内滴完。

6)β受体阻滞药：目前认为凡无禁忌证者，均可使用 β 受体阻滞药，以降低病死率。

7)血管紧张素转化酶抑制药（ACEI）：一般在 AMI 早期从小剂量开始，如卡托普利 6.25mg 作为试验剂量，一天内可加至 12.5mg 或 25mg，次日加至 12.5～25mg，2～3/d。ACEI 的禁忌证：AMI 急性期动脉收缩压＜90mmHg，严重肾衰竭（血肌酐＞265μmol/L）；双肾动脉狭窄等。

（3）介入治疗：直接的经皮冠状动脉腔内成形术比溶栓治疗更优。

五、常见心律失常

（一）阵发性室上性心动过速

1. 诊断要点

（1）常有突发、突止的反复发作史，持续时间长短不一。

（2）发作时可有心悸、焦虑不安、胸闷感，发作持续较久者可有晕厥、血压下降、心绞痛等。

（3）心率在 160～220 次/分钟，匀齐。刺激迷走神经多可立即中止。

（4）心电图显示快速且规律的室上性心搏，频率一般为160～220 次/分钟，节律绝对规律，P 波多数难以辨认。

2. 治疗要点

（1）一般治疗：吸氧、镇静、心电监护。

（2）刺激迷走神经法：如做乏氏动作（深吸气后屏住气，用力做呼气动作）；刺激咽喉引吐；压迫颈动脉窦（先右后左，各按 10～30 秒,不可同时按压两侧,有脑血管病者禁用)。

(3)抗心律失常药物

【处方 1】 维拉帕米注射液(异搏定)5mg
5%葡萄糖注射液 20ml｜缓慢静脉注

射(共 5 分钟,必要时 15 分钟可重复)。

【处方 2】 普罗帕酮注射液(心律平)70mg
5%葡萄糖注射液 250ml｜静脉滴注。

【处方 3】 胺碘酮注射液 150mg
0.9%氯化钠 250ml｜静脉滴注。

【处方 4】 腺苷注射液 6～12mg 快速静脉推注,起效快。
如无腺苷,可用 ATP 注射液 5～20mg 在 5 秒内静脉注射,适
用于房室交界区折返性心动过速。

【处方 5】 毛花苷 C 注射液(西地兰)0.4mg
25%葡萄糖注射液 20ml｜缓慢静脉注

射(无效时 2 小时后可再给 0.2mg,总量不超过 1.2mg/d。适
用于心脏明显扩大或伴有心功能不全者,不宜用于预激综合
征所致的阵发性室上性心动过速)。

上述方法无效时,可行同步直流电复律或经食管心房调
拨。

(4)导管射频消融术:适用于药物治疗不理想,发作时对
血流动力学有明显影响及预激综合征并反复发作室上速者。

(二)心房纤颤和心房扑动

1. 诊断要点

(1)多数患者有器质性心脏病和甲状腺功能亢进。有心
悸、气急、胸闷感等症状。心室率快时可伴有心力衰竭。

（2）心房纤颤心律绝对不齐，心音强弱不等，有脉搏短绌。心房扑动心律规则或不规则，颈静脉可见扑动波。

（3）心电图特征

1）心房纤颤

①P波消失，代以不规则的 f 波，频率 350～600 次/分钟。

②QRS波群形态正常，R-R 绝对不齐，心室率多为120～160 次/分钟。

2）心房扑动

①心电图可见 P 波消失，代以形态、间距、振幅相似的锯齿形 F 波，频率 250～350 次/分钟。

②QRS波群形态正常，R-R 均齐或不齐。

2. 治疗要点

（1）寻找原发疾病及诱发因素：治疗原发心脏疾病，对于甲状腺疾病引起的心房纤颤及心房扑动，要及时治疗甲状腺疾病。

（2）药物治疗：房颤的急诊处理包括控制心室率和预防血栓栓塞并发症，以及转复和维持窦性心律。

1）控制心室率

【处　方】 毛花苷 C 注射液（西地兰）0.4mg
25%葡萄糖注射液 20ml ┃ 缓慢静脉

注射（必要时 2～4 小时再给 0.2～0.4mg，总量<1.2mg/d。心室率控制在 100 次/分钟以下后改用地高辛片 0.25mg，口服，1/d，维持；或口服美托洛尔片 12.5～25mg，2/d，以控制心室率）。

2）持续性房颤的复律：当上述方法使心室率稳定于 70～80 次/分钟时，停用洋地黄，改用胺碘酮或普罗帕酮静脉药物复律或同步直流电复律(适用于病情危重、血流动力学不稳定者)。

(3)射频消融治疗:无器质性心脏病的孤立性房颤或房扑患者,可选择射频消融治疗。

(4)抗凝治疗:持续性房颤或房扑者考虑给予华法林片抗凝治疗。

(三)室性心动过速

1. 诊断要点

(1)室性心动过速(VT)多见于各种器质性心脏病如冠心病急性心肌梗死等,偶见于正常人。

(2)症状取决于 VT 持续时间、心室率快慢及心功能状态。轻者出现心悸、胸闷、头晕、低血压;重者会出现晕厥、心力衰竭和休克,甚至猝死。

(3)心电图特征

1)连续发生 3 个或 3 个以上室性期前收缩,QRS 波宽大畸形,时限>0.12 秒。

2)心室率 100~250 次/分钟,房室分离,室率>房率。当室率<140 次/分钟时可见心室夺获或室性融合波。

3)VT 的心率和形态一般很规则,但亦可多形,心率轻微不规则。非持续性 VT 一般<30 秒,能自行终止。持续性单形性 VT 发作时间>30 秒,单一形态,突发突上,临床上阵发性室速多属此型。

4)尖端扭转型 VT 的 QT 间期延长,在同一个导联上QRS 波的振幅和形态不断变化,每隔 3~10 个 QRS 波群围绕基线扭转主波方向,心室率>200 次/分钟,常不规则,常常呈短阵发作。

2. 治疗要点

(1)吸氧,建立静脉通道,心电监护。

(2)有严重血流动力学障碍的室性心动过速必须立即进行同步直流电转复(50～150J),无脉 VT 应非同步电复律,开始能量为 200J。恢复窦性心律后用药物维持。洋地黄中毒者禁用。

(3)常规药物治疗

【处方1】 利多卡因注射液 100mg
5%葡萄糖注射液 20ml ∣ 静脉注射(无效时每

隔 5 分钟加用 50mg,直至室性心动过速终止或总量达 300mg 为止,转复后用 1～4mg/分钟静脉滴注维持)。

【处方2】 胺碘酮注射液 150mg
0.9%氯化钠 250ml ∣ 静脉滴注。

【处方3】 溴苄胺注射液 250mg
5%葡萄糖注射液 20ml ∣ 静脉滴注。

(4)获得性扭转型室性心动过速禁用奎尼丁、普鲁卡因胺等,可选用以下方案。

【处方1】 异丙肾上腺素注射液 0.5～1mg
5%葡萄糖注射液 250ml ∣ 静脉滴注。

【处方2】 25%硫酸镁注射液 20～40ml
5%葡萄糖注射液 250ml ∣ 静脉滴注。

(四)二度Ⅱ型和三度房室传导阻滞

1. 诊断要点

(1)病史:患者出现心悸、气短、头晕及晕厥,三度房室传导阻滞(Ⅲ度AVB)患者可出现阿-斯综合征。

(2)二度AVB:患者检查有脉搏和心音脱漏,心律失常。

(3)三度AVB:患者检查有心率慢而规则,30~40次/分钟,第一心音强弱不等,强的心音又称"大炮音"。

(4)心电图特征

1)二度Ⅱ型AVB,P-R间期固定(正常或延长),但有间断的QRS波群脱漏。如房室传导比例为3∶1或以上时,称高度AVB。QRS波群正常或增宽。

2)三度AVB的P-P间隔与R-R间隔各有其固定频率,P波与QRS波群无关,心房率大于心室率。QRS波群形态正常或宽大畸形。

2. 治疗要点

(1)药物治疗

【处方1】 阿托品注射液0.5mg,静脉注射,1/(6~8)h。

【处方2】 氨茶碱片0.1~0.2 g,口服,3/d。

【处方3】 山莨菪碱注射液(654-2)5~10mg
5%葡萄糖注射液100ml ｜静脉滴注

(适用于急性心肌梗死,低血压,心力衰竭或伴室性期前收缩的心动过缓)。

【处方4】 异丙肾上腺素片10mg,舌下含服。

或 异丙肾上腺素注射液0.5~1mg
5%葡萄糖注射液500ml ｜静脉滴注。

(2)心脏起搏器:上述治疗无法防止阿-斯综合征发作时,宜安置临时或永久性人工心脏起搏器。

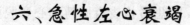

六、急性左心衰竭

1. 诊断要点

(1)多有高血压、冠心病、瓣膜病、心肌病等病史。多在劳累、感染、贫血、剧烈的情绪激动等诱因下发病。

(2)突发严重呼吸困难,呈端坐呼吸,常于夜间阵发性发作,大汗淋漓,口唇青紫,面色苍白,烦躁不安,窒息感,频繁咳嗽,喘鸣,咳出粉红色泡沫样痰。严重者可出现肺水肿及休克。

(3)检查可见心界扩大,心率快呈奔马律,两肺布满湿啰音及哮鸣音。

(4)X线检查可见肺门蝴蝶状阴影向周围扩展。

2. 鉴别诊断　左心衰竭的某些症状和体征也见于其他疾病。例如,夜间阵发性呼吸困难应与支气管哮喘相鉴别,支气管哮喘多见于青少年有过敏史,发作时不一定呈端坐体位,肺部听诊以哮鸣音为主;肺底湿啰音可由慢性支气管炎、支气管扩张或肺炎引起,应注意鉴别。

3. 治疗要点

(1)一般治疗:半卧位或坐位,下垂双腿(急性心肌梗死及休克者除外),鼻导管或面罩高流量吸氧,开始 2～3L/分钟,渐增至 6L/分钟,湿化瓶中加 50%乙醇。

(2)药物治疗

【处方1】　吗啡注射液 3～5mg 　静脉注射(必要时 15 分
　　　　　0.9%氯化钠 10ml

钟后可重复,老年、严重呼吸道疾病和休克患者忌用,可改用哌替啶注射液 50～100mg 肌内注射)。

【处方2】 呋塞米注射液(速尿)20～40mg,缓慢静脉注射,必要时 2 小时后重复。如无效可用布美他尼注射液(丁尿胺)1～2mg 静脉注射。

【处方3】 硝酸甘油片 0.5mg 或硝酸异山梨酯片(消心痛)10mg 舌下含化,根据血压可重复给药。

【处方4】 硝酸甘油液 5mg ｜ 静脉滴注(起始剂量
5％葡萄糖注射液 500ml
10μg/分钟,在血压监测下每 5 分钟递增 5～10μg,最大剂量 200μg/分钟,直至症状缓解,有效量维持,收缩压小于 95mmHg 不宜使用)。

或 硝普钠注射液 50mg ｜ 静脉滴注(开始 10μg/分
5％葡萄糖注射液 500ml
钟,每 5 分钟递增 5～10μg/分钟,直至症状缓解或收缩压达 95mmHg 为止,最大剂量 250～300μg/分钟。静脉滴注时应注意避光,连续应用不宜超过 72 小时)。

【处方5】 毛花苷 C 液(西地兰)0.4mg ｜ 缓慢静脉注射
25％葡萄糖注射液 20ml
(必要时 2～4 小时后可再给 0.2～0.4mg。急性心肌梗死最初 24 小时内不宜使用)。

【处方6】 多巴胺注射液 20～40mg
5％葡萄糖注射液 200ml 以 5～10μg/(kg·分钟)静脉滴注(适用于心源性休克及低阻低排出量心力衰竭者)。

【处方7】 氨茶碱注射液 250mg ｜ 缓慢静脉注射;
10％葡萄糖注射液 20ml

或 氨茶碱注射液 250mg ｜ 静脉滴注(心动过速者不
10％葡萄糖注射液 100ml

宜用)。

七、高血压急症

1. 诊断要点

(1)任何原因引起血压突然升高或极度增高至 200/120mmHg 以上,可造成心、脑、肾等脏器的严重障碍以致衰竭,危及生命,都属高血压急症范围。

(2)高血压伴有急性脏器功能损害者为高血压急症,需在 2 小时内降低血压 25%~30%。

(3)凡不伴有急性脏器功能损害者为高血压次急症。

2. 鉴别诊断

主要鉴别是由继发性高血压引起,引起继发性高血压常见的疾病有以下几种。

(1)肾脏疾病

①肾实质病变。如急、慢性肾炎,急进性肾炎,慢性肾盂肾炎,多囊肾等。

②肾血管病变。如肾动脉狭窄。

(2)内分泌系统疾病:如库欣综合征、原发性醛固酮增多症等。

(3)大动脉疾病:如先天性大动脉狭窄,缩窄性大动脉炎,除需测量四肢动脉及检查有无杂音外,常需做彩色多普勒血流显像检查,必要时做血管造影。

3. 治疗要点

高血压急症患者需用注射药物降压,根据病情选用适当的药物,达到降压目标后改用口服药物;高血压次急症患者常用口服药物降压,亦应视病情合理用药,若不能明确类型时,则应按高血压急症处理。

(1)药物选择标准:①作用快、作用强。②持续作用时间短。③主要作用血管平滑肌,对某些部位的平滑肌及心脏作用不大,不使心率增速。④对中枢及神经系统无作用。⑤不良反应小。

(2)常用药物

【处方1】 硝苯地平片(心痛定)10mg,嚼碎后舌下含服。

【处方2】 卡托普利片 25～50mg,嚼碎后舌下含服。

【处方3】 硝酸甘油注射液 5mg
5％葡萄糖注射液 500ml｜静脉滴注(起始剂量
10μg/分钟,在血压监测下每 5 分钟递增 5～10μg,最大剂量
200μg/分钟,直至症状缓解,有效量维持,收缩压小于
95mmHg 不宜使用)。

【处方4】 硝普钠注射液 50mg
5％葡萄糖注射液 500ml｜静脉滴注(开始
10μg/分钟,每 5 分钟递增 5～10μg/分钟,直至症状缓解或收缩压达 95mmHg 为止,最大剂量 250～300μg/分钟。静脉滴注时应注意避光,连续应用不宜超过 72 小时)。

【处方5】 乌拉地尔注射液 12.5～50mg
0.9％氯化钠 10ml｜缓慢静脉推注
(必要时 10～15 分钟后再给 12.5～25mg)。

继以 乌拉地尔注射液 12.5～50mg
5％葡萄糖注射液 250ml｜以 2～8μg/(kg·
分钟)静脉滴注。

八、主动脉夹层

主动脉夹层也称主动脉夹层动脉瘤,指主动脉内血液渗

入并分离主动脉壁中层形成的夹层血肿。多见于中老年男性，常有高血压、动脉粥样硬化、先天性心脏病、Marfan 综合征等。

1. 诊断要点

(1)突发的疼痛：突然发生剧烈的、持续的、撕裂样或挤压样胸痛，且向背部放射。

(2)压迫或血流受阻症状：冠状动脉受压可出现心绞痛或心肌梗死症状；头颈部动脉受压可出现神志障碍、偏瘫等症状；四肢动脉受压可出现四肢血压不对称，存在脉压差；上腔静脉受压表现为上腔静脉综合征；肠系膜动脉受压出现恶心、呕吐、腹胀、腹泻、黑粪等。

(3)辅助检查：①心电图。可有左室肥厚的征象及非特异的 ST 段及 T 波改变。②超声心动图。升主动脉增宽，直径＞40mm(正常为 35mm 左右)，动脉壁增厚；主动脉膜壁由一条回声带变为两条，在其间有无回声区，即血液；有撕裂的主动脉内膜漂浮在主动脉腔内。胸主动脉增宽，主动脉瓣关闭不全。③CT 检查。平扫可见主动脉腔扩大及内膜钙化，若主动脉阴影内钙化的位置与主动脉壁外缘相距 2～3mm，应怀疑本病的存在。增强后扫描可见增强显著的真腔及不增强的假腔，在两腔之间有剥脱的主动脉内膜分隔，即可确诊。④磁共振显像(MRI)。表现为有线状的内膜瓣，隔开主动脉腔而成为真腔，即主动脉腔。假腔即夹层血肿。⑤主动脉造影显示一个假管道或夹层膜将主动脉腔分为两个腔道。

该病根据典型的症状、体征，临床诊断并不太困难，确诊需靠影像检查，但不典型者，如无痛型或以腹痛、肾绞痛为主要表现时，给诊断带来较大困难。

2. 鉴别诊断

(1)急性心肌梗死:疼痛的范围较局限,持续时间较短,根据典型的急性心肌梗死的心电图表现、心肌酶谱改变可诊断,但需注意两者是否同时存在。

(2)急性肺栓塞:患者呼吸系统症状较为突出,如咳嗽、咯血、呼吸困难,可有肺部体征及肺动脉区第二音亢进,心电图可有 $SIQ_{Ⅲ}T_{Ⅲ}$ 特征性改变。X 线胸部检查肺部出现阴影,若为楔状阴影则更有诊断意义。

(3)急性胰腺炎、急性胆囊炎、胃十二指肠穿孔及夹层动脉瘤均可发生、腹部疼痛。但夹层动脉瘤虽疼痛剧烈,但无压痛、反跳痛、肌紧张等。可有腹部搏动性肿块及杂音。

3. 治疗要点

(1)一般治疗:绝对卧床休息,尽量减少搬动患者,严密监测生命体征,给予有效镇痛、镇静、吸氧等治疗,忌用抗凝或溶栓治疗。

(2)药物治疗

1)血压高

【处方1】 硝普钠注射液 2.5~5μg/(kg·分钟)持续泵入＋普萘洛尔注射液 1mg 静脉推注,1/(4~6)h。

【处方2】 硝普钠注射液 2.5~5μg/(kg·分钟)持续泵入＋艾司洛尔或美托洛尔或阿替洛尔注射液静脉推注(美托洛尔注射液 5mg 稀释为 5ml 后静脉注射 5 分钟,可给 3 个剂量;阿替洛尔注射液 5mg 稀释后静脉注射 5 分钟,观察 10 分钟,收缩压降至 120mmHg 以下者,可再给 5mg,然后尽早开始口服给药)。

2)血压正常

【处方1】 普萘洛尔注射液 1mg 静脉推注,1/(4～6)小时。

【处方2】 普萘洛尔片 20～40mg,1/6 小时,口服。

3)手术治疗:急性期夹层＞5cm 或有并发症的急、慢性期患者均应手术治疗。

4)介入治疗:包括经皮腔内带膜支架隔绝术、经皮血管内膜间隔开窗术等。

九、感染性心内膜炎

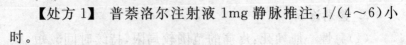

1. 诊断要点

(1)主要表现为全身感染症状。急性者呈败血症症状如高热、寒战、乏力、急性进行性贫血,常有头、胸、背和四肢肌肉关节疼痛。亚急性者起病隐匿,部分患者在发病前有感染灶,一般表现为不规则低中度发热,伴乏力、体重减轻、盗汗、进行性贫血、脾大、食欲不振。也有起病急骤,伴寒战、高热或栓塞为最初临床表现。

(2)心脏出现新的反流性杂音和(或)原有杂音性质发生改变,是本病的特征。还可引起心律失常,如期前收缩、房室或束支传导阻滞。

(3)辅助检查:①血常规。急性者白细胞计数及中性粒细胞显著增高,红细胞及血红蛋白进行性下降。亚急性者正常细胞性贫血多见,白细胞计数正常或轻度升高,分类计数轻度左移。②血培养。是诊断菌血症及感染性心内膜炎的最重要方法。③超声心动图。能发现赘生物,同时了解瓣膜受损情况,是目前诊断急性感染性心内膜炎的主要手段之一。④其他。心导管和心血管造影、计算机 X 线断层扫描(CT)及磁共振成像(MRI)等,均可应用。

2. 鉴别诊断

(1)风湿热:本病多数起病急,常有不规则发热、有的持续低热,伴精神不振、疲倦、食欲减退、面色苍白等。主要临床表现为心肌炎、多关节炎、舞蹈病、环形红斑及皮下结节。次要表现为发热、关节痛等。抗风湿治疗有效,一般无脾大及栓塞现象,血培养为阴性。

(2)真菌性心内膜炎:临床表现相似,有以下情况应高度怀疑:①长期使用抗生素、免疫抑制药或激素的患者。②瓣膜修补或置换术后,长期插有静脉导管或导尿管的患者。③初步诊断为细菌性心内膜炎,而抗生素治疗无效甚至恶化者,多次血培养阴性。④疗程长达半年至一年,常有大动脉特别是下肢动脉栓塞征象者。⑤眼底检查除有 Roth 斑、白色渗出及出血外,常有眼色素膜炎或内眼炎。

(3)其他:应注意与心肌梗死、心房黏液瘤、急性心包炎等相鉴别。

3. 治疗要点

(1)一般治疗:严密监测患者生命体征及神志、血氧饱和度、心电图等。

(2)抗生素治疗(早期、联合、足量)

1)急性感染性心内膜炎

【处方 1】 5%葡萄糖注射液 250ml 萘夫西林 2g 静脉滴注,1/4 小时,先皮试,连用 4～6 周。

或加用　5%葡萄糖注射液　　250ml｜静脉滴注,2～3/d,

阿米卡星（丁胺卡那）0.2g

用3～5d。

【处方2】　5%葡萄糖注射液 250ml｜静脉滴注,1/8 小

头孢唑林 2g

时,先皮试,连用4～6周。

或加用　5%葡萄糖注射液 250ml｜静脉滴注,2～3/d,

阿米卡星（丁胺卡那）0.2g

用3～5d。

2)亚急性感染性心内膜炎(疗程至少6～8周)

【处方1】　5%葡萄糖注射液 250ml｜静脉滴注,1/4～6

青霉素 320万～480万 U

小时,先皮试。

或加用　5%葡萄糖注射液 250ml｜静脉滴注,2～3/d。

阿米卡星（丁胺卡那）0.2g

【处方2】　5%葡萄糖注射液 250ml｜静脉滴注,1/4 小

氨苄西林 2g

时,先皮试。

或加用　5%葡萄糖注射液　　250ml｜静脉滴注,2～3/d。

阿米卡星（丁胺卡那）0.2g

十、急性病毒性心肌炎

1. 诊断要点

(1)病史:发病前1～2周多有明显的或隐匿的上呼吸道或消化道病毒感染史。

（2）临床表现:可有发热、胸闷、心慌、心前区疼痛、呼吸困难、心率增快等表现。

（3）辅助检查

1)心电图:各种心律失常均可出现,以室性期前收缩及一、二度房室传导阻滞最多见,ST-T 广泛改变(持续 4 日以上,可有动态变化)、心肌梗死样图形。

2)心肌酶谱异常:天门冬氨酸氨基转移酶、乳酸脱氢酶、肌酸磷酸激酶及其同工酶、血浆肌凝蛋白等均可增高。

3)病毒学检查:感染早期,心包液、粪便、心肌及咽拭子中可分离出病毒,或查到病毒核酸或特异性抗体阳性。

4)超声心动图:可见局限或弥散的室壁活动减弱、心包少量积液、心室扩大等。

2. 鉴别诊断

（1）风湿性心肌炎:多有链球菌感染病史,如急性扁桃体炎。心肌炎的临床表现、心电图及心肌酶谱等检查与急性病毒性心肌炎无明显差别。但本病多伴有游走性关节痛、结节性红斑,血清抗链"O"滴度增高。

（2）中毒性心肌炎:由于毒素或毒物引起的心肌炎症,如白喉、伤寒、蛇毒等,这些物质可引起心肌炎症改变、心肌细胞变性坏死、间质纤维化等。但多有明确的病因,有别于急性病毒性心肌炎。

3. 治疗要点

（1）一般治疗:卧床休息,避免劳累,给予易消化富含维生素及蛋白质的饮食。

（2）药物治疗

1)抗病毒治疗

【处　方】

| 阿昔洛韦注射液 0.3
5％葡萄糖注射液 500ml | 静脉滴注,3/d。 |

2)改善心肌代谢

【处方 1】　万爽力片 20mg,口服,3/d。

【处方 2】

| 1,6-二磷酸果糖注射液 5g
10％葡萄糖注射液 250ml | 静脉滴注,1/d。 |

【处方 3】

| 维生素 C 注射液 3～5g
10％葡萄糖注射液 500ml | 静脉滴注,1/d。 |

【处方 4】

| 环磷腺苷注射液(cAMP)20mg
10％葡萄糖注射液 500ml | 静脉滴注, |

1/d。

十一、急性心包炎

1. 诊断要点

(1)纤维蛋白性急性心包炎:胸前区疼痛,可放射至左肩、颈部及左臂;也可仅有轻度不适,或为钝痛、尖锐痛、剧痛等。深呼吸、咳嗽可使疼痛加重。心前区可闻及心包摩擦音。

(2)渗出性急性心包炎:主要临床表现是由于心脏受压,舒张期受限,导致动脉压降低及体静脉压升高,当心包积液多时,压迫邻近器官引起相应症状、体征。例如,压迫气管及肺脏,出现呼吸困难、咳嗽等;心脏受压出现心悸、心前区胀痛。颈静脉怒张引起四肢水肿。心尖搏动减弱或消失,可触及奇脉。

(3)辅助检查:心电图见 QRS 低电压,ST 段弓背向下型抬高,出现于 aVR 导联以外的全部常规导联;X 线胸片心影增大。超声心动图可见液性暗区;心包穿刺对诊断及治疗有很大帮助。

2. 鉴别诊断

(1)急性心肌梗死:主要表现为突发性胸骨后压榨性疼痛,可放射至上肢或下颌,持续时间半小时以上,严重者可有濒死感。根据典型的急性心肌梗死的心电图表现、心肌酶谱改变有助于鉴别。

(2)急性肺梗死:可突然发生剧烈胸痛、咯血,伴有严重的呼吸困难、血压降低或休克、发绀。心电图表现为 $S_I Q_{III} T_{III}$ 征(即 I 导联 S 波加深,III 导联出现 Q 波及 T 波倒置)。可出现肺动脉高压体征,如肺动脉第二音亢进,右心室扩大,有明显的颈静脉怒张。胸部 X 线或 CT 等检查有助于鉴别。

3. 治疗要点

(1)一般治疗:卧床休息至发热和胸痛消失。

(2)药物治疗

【处方1】 阿司匹林片 0.3～0.5g,口服,3/d。

【处方2】 吲哚美辛片(消炎痛)25mg,口服,3/d。

【处方3】 结核性心包积液:

异烟肼片 300mg,口服,1/d。

利福平胶囊 450mg,口服,1/d。

乙胺丁醇片 750mg,口服,1/d。

(3)胸膜开窗术:大量心包积液出现心脏压塞症状时,进行穿刺放液。必要时行心包-胸膜开窗术。

十二、脑 出 血

脑出血是指脑的动脉、静脉或毛细血管破裂导致脑实质内的出血。高血压是脑出血的主要原因,绝大多数系高血压合并动脉粥样硬化导致。脑出血占全部脑卒中的 20％～30％,病死率为 35％～52％,残疾率为 80％～95％。

1. 诊断要点

(1)多发于 50 岁以上中老年人,多数有高血压病史,也可发生在患高血压的青年人。常在用力或情绪激动时发病。

(2)突然起病,病情进展迅速。多数无前驱症状,少数可有头晕、头痛、肢体麻木和口齿不清等前驱症状。

(3)全脑症状明显,多数有头痛、呕吐等颅内压增高的征象。较早出现意识障碍,脉缓,呼吸深而慢,带有鼾声,抽搐,尿失禁,直至昏迷。但老年人症状可不明显。

(4)症状与体征依出血部位而异

1)基底节区出血:由于出血常波及内囊,故可出现三偏征,即病灶对侧肢体的偏瘫,偏身感觉障碍和偏盲;如出现病灶对侧凝视麻痹则呈"四偏"。此外,尚可出现失语、失用、体像障碍、记忆力障碍等。基底节区出血可分为内侧型和外侧型。内侧型意识障碍重,可出现高热、血糖升高、胃肠出血;外侧型出血症状相对轻,而"四偏"症状明显。

2)丘脑出血:①丘脑性感觉障碍。对侧肢体深浅感觉减退、感觉过敏或自发性疼痛。②丘脑性失语。语言缓慢而不清,发音困难,语言重复,但认读正常。③丘脑性痴呆。可出现记忆力减退、计算力下降、智力减退等。④出血向内破入脑室或蔓延至中脑,可引起垂直性凝视麻痹,表现为眼球向下凝视,对光反射减弱或消失。⑤如影响锥体外系,可出现对侧肢体多动。

3)脑桥出血:常有中枢性高热,深昏迷,早期出现病灶侧周围性面瘫,病灶对侧肢体偏瘫,即所谓交叉瘫;病情进展可出现双侧周围性面瘫及四肢瘫,瞳孔缩小如针尖大。小量基底部出血可出现"闭锁综合征"。有的小量出血者症状轻微,预后良好。

4)小脑出血:常有枕部剧痛、眩晕、步态蹒跚,病灶侧肌张力减低,共济失调。偏瘫、偏身感觉障碍常不明显。患者频繁呕吐,很快昏迷。如压迫脑干、枕骨大孔疝形成,可突然死亡。

5)脑室出血:原发性脑室出血系脉络膜动脉破裂所致。继发性系由脑实质出血破入脑室所致,较多见。发病后很快进入昏迷;常出现去大脑强直;四肢瘫,病理反射阳性;常出现视丘下部症状,如高热、血糖高、尿崩症、消化道出血等。

(5)检查:单侧或双侧病理征阳性,有时出现脑膜刺激征。对光反射减弱或消失。

(6)脑脊液压力高,多为均匀血性;头颅 CT 检查,见出血部位高密度阴影即可确诊。

2. 鉴别诊断 应与脑血栓相鉴别:脑血栓多在安静状态下发病,常在睡眠时出现症状,病情进展缓慢,偏瘫症状在数小时到数天内越来越明显,意识常保持清晰。脑出血多因情绪激动、用力排便、用力持重等,促使血压急骤升高而突然发病,患者突然感到头痛,伴有恶心、呕吐,病情发展迅速,常出现偏瘫和意识障碍或昏迷。二者常需借助 CT 等辅助检查以鉴别。

3. 治疗要点

(1)一般处理

1)保持静卧,尽可能避免搬动和不必要的检查,如有躁动不安或抽搐可用地西泮(安定)10mg 肌内注射,一般不用抑制呼吸中枢的药物(如吗啡、哌替啶)。

2)在头部和两侧颈动脉及腋下、腹股沟区放置冰袋降温。药物降温可用新癀片、吲哚美辛(消炎痛)等。

3)吸氧,保持呼吸道通畅,头偏向一侧,清除呼吸道分泌物,必要时做气管插管或气管切开。

(2)药物治疗

1)降低颅内压,控制脑水肿

【处方1】 20%甘露醇注射液 250ml,快速(半小时内)静脉滴注,1/(6～8)h。

【处方2】 10%甘油果糖注射液 500ml,缓慢静脉滴注,1～2/d。

【处方3】 呋塞米(速尿)注射液 20～40mg,肌内注射或静脉注射,1/(4～8)h。

【处方4】 地塞米松注射液 10～20mg
5%葡萄糖注射液 250～500ml 静脉滴注,1/d。

2)控制血压

【处方1】 硝普钠注射液 50mg
5%葡萄糖注射液 500ml 静脉滴注,开始 0.5～1μg/(kg·分钟),每5分钟递增 0.5μg/(kg·分钟),最大剂量 10μg/(kg·分钟),用药期间严密观察血压、心率变化。

【处方2】 乌拉地尔注射液 100～200mg ┃ 以 2～8 μg/
　　　　　10%葡萄糖注射液 250ml ┃

(kg·分钟)静脉滴注。

3)保护胃黏膜

【处方1】 法莫替丁注射液 20mg ┃ 静脉滴注,2/d。
　　　　　5%葡萄糖注射液 250ml ┃

【处方2】 洛赛克注射液 40～80mg ┃ 静脉滴注,2/d。
　　　　　0.9%氯化钠 100ml ┃

4)营养脑细胞

【处方1】 乙酰谷酰胺注射液 0.75g ┃ 静脉滴注,1/d。
　　　　　5%葡萄糖注射液 500ml ┃

【处方2】 盐酸赖氨酸氯化钠注射液(舒朗)200ml,静脉滴注,1/d。

(3)手术治疗:旨在清除血肿,解除脑病。

十三、蛛网膜下腔出血

蛛网膜下腔出血是指脑底部或脑表面的血管破裂,血液直接进入蛛网膜下腔,常见原因为颅内动脉瘤、血管畸形、高血压等。

1. 诊断要点

(1)各年龄组均可发病,以 30～60 岁多见。多在用力或情绪激动时突然发病。诱因如举重、体力活动、剧烈运动、排便、情绪激动、饮酒等。

(2)常迅速出现剧烈头痛、恶心、呕吐,或伴有意识障碍。头痛大多数为全头痛和颈后部痛,恶心、呕吐多与头痛同时出现,呈喷射样呕吐。

（3）脑膜刺激征明显，常有肢体轻瘫。

（4）检查见脑脊液压力增高，呈均匀血性；脑血管造影、脑CT 与 MRI 检查可明确诊断。

2. 鉴别诊断

（1）脑出血：中老年多见，有长期高血压病史，活动中或情绪激动、用力排便时发病，血压急骤升高，出现头痛、恶心、呕吐等颅内压升高表现，病情发展迅速，常出现偏瘫和意识障碍或昏迷。常需借助 CT 等辅助检查予以鉴别。

（2）脑膜炎：结核性、真菌性、细菌性或病毒性脑膜炎均可出现头痛、呕吐和脑膜刺激征，可借助腰椎穿刺、CT 检查等予以鉴别。

3. 治疗要点

（1）一般处理：绝对卧床休息，保持大便通畅，头部置冰袋。

（2）药物治疗

1）头痛剧烈、烦躁不安者，给予地西泮（安定）10mg 肌内注射或静脉注射；镇痛药可口服罗通定（颅痛定）、可待因、索米痛片等。

2）降低颅内压，减轻脑水肿等治疗同脑出血。

3）抗纤溶治疗

【处方 1】 氨基己酸注射液 4～6g ┃ 静脉滴注（15～30 分
0.9％氯化钠 100ml ┃
钟滴完，之后 1g/h，维持 12～24 小时，以后 24g/d，持续 7～10d，逐渐减量至 8g/d，共用 2～3 周。）

【处方2】 氨甲环酸注射液（止血环酸）0.2～0.4g | 静脉
5％葡萄糖注射液500ml

滴注,1～2/d,连用2周。

【处方3】 氨甲苯酸注射液（对羧基苄胺）200～400mg | 静
5％葡萄糖注射液500ml

脉滴注,2/d,可连用2周。

4)防止脑血管痉挛

【处方1】 尼莫地平片20～40mg,口服,3/d,连用3周。

【处方2】 西比灵胶囊（盐酸氟桂利嗪）5～10mg,口服,1/晚,连用3周。

【处方3】 尼莫地平注射液10mg | 静脉滴注,1/d,连用
5％葡萄糖注射液500ml

3周。

(3)手术治疗:为去除病因、及时止血、预防再出血及血管痉挛、防止复发的有效方法,应在发病后24～72小时进行。

十四、脑梗死

脑梗死又称缺血性卒中,是指各种原因引起的脑部血液供应障碍,导致局部脑组织发生不可逆的损害,脑组织缺血、缺氧及坏死。

1. 诊断要点

(1)颈内动脉系统,椎-基底动脉系统皆可发生脑梗死。由于阻塞血管和部位不同,可出现不同的局灶症状与体征。颈内动脉系典型表现为同侧眼睛失明,对侧偏瘫,优势半球受累出现言语障碍。大脑中动脉主干血栓出现对侧偏瘫、感觉

障碍、偏盲。大脑前动脉血栓可出现对侧偏瘫、偏身感觉障碍,症状以下肢为重,深感觉及皮质感觉障碍为主。椎-基底动脉血栓表现为眩晕、恶心、呕吐、视物成双,对侧肢体瘫痪,感觉障碍。

(2)脑脊液检查正常或压力稍高及少量红细胞。

(3)脑 CT 与脑 MRI 检查可确定诊断。

2. 鉴别诊断

(1)脑出血:多有高血压和脑动脉硬化病史,多在情绪激动或用力地情况下发病,发病急、进展快,常在数小时内达高峰,发病后常有头痛、呕吐、颈项强直等颅内压增高的症状,且血压高。腰穿脑脊液压力高,多为血性。

(2)脑淀粉样血管病:多发生于 55 岁以上,最常见出血部位为皮质及皮质下或脑叶等区域,大脑半球深部结构一般不受累。

3. 治疗要点

(1)一般治疗:同脑出血。

(2)药物治疗

1)降颅内压治疗

【处方 1】 20%甘露醇注射液 125ml,静脉滴注,1/(8~12)小时。脑水肿明显者可 250ml,静脉滴注,1/(6~8)h。

【处方 2】 10%甘油果糖注射液 250~500ml,静脉滴注,2/d。

【处方 3】 20%人体白蛋白 10g,静脉滴注,1~2/d,适用于发病 24 小时后的严重脑水肿。

2)溶栓治疗

【处方 1】 组织型纤维蛋白溶酶激活药(tPA),常用剂量为 0.85～0.9mg/kg,10%剂量静脉推注,其余 90%药物用 60分钟静脉滴注完。

或【处方 2】 $\begin{array}{l}\text{尿激酶 100 万～150 万 U}\\\text{0.9\%氯化钠 200ml}\end{array}$ │ 60 分钟内静脉

滴注完(溶栓治疗者 24 小时内不能应用抗凝或抗血小板药物。由于溶栓治疗早期出血率较高,必须严格控制时间窗,发病 6 小时以上者不是溶栓治疗的指征,现基层医院、门诊单位不宜开展)。

3)抗凝治疗

【处方 1】 低分子肝素注射液 4 100U,皮下注射,2/d,10d 为 1 个疗程。

【处方 2】 普通肝素注射液 6 250U,静脉滴注,1～2/d。

【处方 3】 华法林适用于伴心房颤动的脑梗死患者。

4)扩容治疗

【处　方】 低分子右旋糖酐注射液 500ml,静脉滴注,1/d,10～14d 为 1 个疗程。

5)中药制剂:可应用葛根素、川芎嗪、金纳多、脉络宁等静脉滴注,1/d,10～14d 为 1 个疗程。

(3)手术治疗:对急性小脑梗死导致脑肿胀及脑内积水者,可做脑室引流术或去除坏死组织,以挽救生命。

十五、急性上呼吸道感染

1. 诊断要点

(1)存在受凉、淋雨、过度紧张或疲劳等诱因。

(2)临床表现为打喷嚏、鼻塞、流涕、咽痛等。重者可出现发热、头痛、乏力、食欲减退、全身酸痛等。

（3）血常规：病毒性感染时白细胞计数正常或偏低，淋巴细胞比例升高；细菌性感染时，白细胞总数和中性粒细胞比例均增多。

2. 鉴别诊断

（1）过敏性鼻炎：多有过敏史，有季节性，鼻塞、鼻痒，以打喷嚏为主，典型症状是阵发性喷嚏连续性发作，大量水样涕，无全身中毒症状。

（2）流行性感冒：可引起流行，起病急骤，全身中毒症状重，局部症状轻，易反复发病。

（3）其他：注意与麻疹、百日咳、猩红热等急性传染病相鉴别。

3. 治疗要点

（1）一般治疗：注意休息，多饮水，清淡饮食，保持室内空气流通。

（2）对症治疗

1）发热、头痛可用百服宁片 0.5g；或对乙酰氨基酚片 0.5g，口服。

2）咽痛可用慢咽舒宁 1 袋，口服，2～3/d；或含服华素片、草珊瑚含片。

3）止咳化痰可用复方甘草片 2～4 片，3/d 或止咳川贝枇杷露 10ml，3/d；沐舒坦片 30mg，3/d。

4）鼻塞、流涕可用新康泰克胶囊 1 粒，2/d 或感康片 2 片，2·3/d。

（3）抗菌治疗：上感多为病毒感染，抗菌药物无效，如有细菌感染时可用青霉素类、头孢菌素类等敏感抗菌药物，应用要及时、足量。例如：

【处方1】 青霉素 320 万～480 万 U
0.9％氯化钠 100ml ｜静脉滴注，2～3/d，

先皮试。

【处方2】 头孢美唑钠 1～2g
0.9％氯化钠 100ml ｜静脉滴注，2/d，先皮试。

【处方3】 左氧氟沙星注射液 0.2～0.4g，静脉滴注，
2/d。

十六、急性气管支气管炎

1. 诊断要点

(1)病因：常于寒冷季节或气候突变时诱发，由于吸入冷空气、刺激性气体、花粉等致敏原，也可由病毒、细菌直接感染或因急性上呼吸道感染的病毒或细菌蔓延引起。

(2)临床表现：临床主要表现为咳嗽或咳痰，偶可痰中带血，初为干咳或少量白色黏痰，随病情进展可出现黄色黏痰或脓痰，可出现气促及胸骨后发紧感。

(3)体征：呼吸音正常，两肺可有散在干、湿性啰音，啰音部位常不固定，咳嗽后可减少或消失。

(4)辅助检查

1)血常规：白细胞和中性粒细胞计数正常或轻度增高。

2)胸部 X 线片：大多正常或肺纹理增粗。

2. 鉴别诊断

(1)流行性感冒：有流行病史，起病急骤，可出现高热、肌肉酸痛等全身中毒症状，呼吸道症状较轻，血清学检查和病毒

分离有助于诊断。

(2)急性上呼吸道感染:鼻咽部症状明显,一般无明显的咳嗽、咳痰,肺部无异常体征,胸片多正常。

(3)其他:注意与支气管肺炎、支气管哮喘、肺脓肿等相鉴别。

3. 治疗要点

(1)一般治疗:注意休息、保暖、多饮水。

(2)对症治疗

【处方1】 咳嗽无痰可用喷托维林片25mg,口服,3/d;或克咳片3片,口服,2/d。

【处方2】 痰稠不易咳出可用沐舒坦片30mg,口服。

【处方3】 支气管痉挛可用氨茶碱片0.1g,口服,3/d;或特布他林(博利康尼)片2.5mg,口服,3/d。

(3)抗菌治疗:可选用青霉素类、头孢菌素类、大环内酯类及喹诺酮类药物。例如:

【处方1】 头孢克洛片

成人0.25g,口服,3/d。

儿童15~20 mg/(kg·d),口服,分3次给药。

【处方2】 青霉素 320万~480万 U ｜ 静脉滴注,2~3/d,
0.9%氯化钠 100ml
先皮试。

【处方3】 左氧氟沙星注射液0.2~0.4g,静脉滴注,2/d(儿童禁用)。

十七、肺　炎

1. 诊断要点

(1)有受寒、淋雨、醉酒、过度劳累等诱因,约 50% 的病例有上呼吸道感染等前驱表现。

(2)临床主要表现为突然起病,寒战、高热,咳嗽、咳痰,初期为干咳或伴少量黏液痰,2～3 日后常有黏稠的铁锈色痰或血性痰,4～5 日转为黏液脓性痰,至消散期呈多量稀薄的淡黄色痰。可伴胸痛、食欲减退、恶心呕吐、全身肌肉酸痛、衰弱乏力,也可出现表情淡漠、烦躁不安、谵妄昏迷等。

(3)典型者有高热面容、皮肤干热、部分患者出现鼻唇部单纯性疱疹,重症患者有呼吸困难、发绀和典型肺实变体征。

(4)血常规白细胞计数显著增高,多在 $10～30×10^9/L$,中性粒细胞达 80% 以上。部分老年人白细胞计数可正常或减低,但中性粒细胞比例仍有增高。胸部 X 线片可见段叶性均匀一致的大片状密度增高阴影。

2. 鉴别诊断

(1)干酪性肺炎:病程长,有结核中毒症状;常侵犯上叶并出现空洞和支气管播散;痰涂片抗酸杆菌阳性。

(2)早期急性肺脓肿:出现大量脓臭痰并常伴咯血;肺内出现空腔和液平面;病程长,完全吸收需 6 周以上。

(3)其他感染性肺炎

1)金黄色葡萄球菌肺炎:起病急,病情重,常伴脓毒血症,并有多发迁徙性病灶和多量脓痰。

2)革兰阴性杆菌肺炎:如克雷伯杆菌、铜绿假单胞菌、大肠埃希菌肺炎,多发生于慢性心肺疾病、年老体弱和免疫功能低下的患者,且多为医院内感染,确诊有赖于痰和血的培养。

3)支原体肺炎:春季多见,起病缓慢,一般病情较轻,以顽固性剧烈咳嗽为突出症状,血清学检查及病原体分离有重要鉴别价值。

4)军团菌肺炎:由嗜肺军团杆菌引起,起病缓慢,可经2～10日潜伏期后突然发病。可有高热、寒战、咳嗽、胸痛、少量黏液痰。X线多为一侧或两侧散在斑片状类圆形阴影。

(4)肺癌:支气管癌可并发阻塞性肺炎,也多呈段叶分布。其特点为:常在同一部位反复出现炎症且消散缓慢;于肺门附近常见团块阴影,易发生肺不张;反复查痰可发现癌细胞;纤维支气管镜可窥见支气管内新生物,同时做活检多可确诊。

3. 治疗要点

(1)一般治疗:卧床休息,补充足够水分、电解质。

(2)对症治疗

【处方1】 发热以物理降温为主,可给予对乙酰氨基酚片0.5g,口服。

【处方2】 干咳、胸痛者可用磷酸可待因片15～30mg,口服。

【处方3】 痰黏稠者可给沐舒坦片30mg,口服,3/d。

(3)抗菌药物:首选青霉素类,静脉注射或肌内注射。重症可选用头孢菌素类,疗程7～10日,或用至热退后3日改口服制剂。

【处方1】 青霉素 G480 万 U / 0.9%氯化钠 100ml 静脉滴注,2/d,先皮试。

【处方2】　头孢呋辛 1.5g
　　　　　0.9%氯化钠 100ml ｜ 静脉滴注,2/d,先皮试。

【处方3】　左氧氟沙星注射液 0.2～0.4g,静脉滴注,2/d。

【处方4】　克林霉素 600mg,静脉滴注,2/d。

(4)其他:并发休克者应及时抢救,加强护理。注意保暖、高流量吸氧,监测生命体征,记录液体出入量。补充血容量,应用足量抗菌药物,病情严重或经上述疗法休克仍未纠正时,宜尽早加用糖皮质激素。

十八、支气管哮喘

1. 诊断要点

(1)诱因:多与接触变应原(如尘螨、动物皮毛、蟑螂、花粉和真菌)、冷空气、物理或化学性刺激、病毒性上呼吸道感染等有关。

(2)临床表现:反复发作喘息、气急、胸闷和咳嗽,上述症状经治疗可缓解或自行缓解。有下列表现者提示重症哮喘:极度呼气性呼吸困难,可有意识障碍,口唇发绀,四肢湿冷,呼吸频率常在 30 次/分钟以上。双肺可闻及弥漫性减弱的哮鸣音或呼吸音几乎听不清。心率>120 次/分钟,可有奇脉,严重者可有血压下降。除外其他疾病所引起的喘息、气急、胸闷和咳嗽。

(3)检查:发作时在双肺可闻及散在或弥漫性哮鸣音,呼气相延长。肺功能检查:发作时 FFV1 或呼气流量峰值(PEF)<80%预计值;吸入 β_2 受体激动药后,FEV1 或 PEF

增加 15% 以上；或 PEF 变异率≥20%；或支气管激发试验、支气管扩张试验阳性。

2. 鉴别诊断

（1）心源性哮喘：多发生于中老年人，常有高血压心脏病、冠心病等心脏病病史，常表现为夜间阵发性呼吸困难、端坐呼吸、咳粉红色泡沫痰，并常伴有心脏扩大、心脏杂音、心律失常等，发作时双肺特别是肺底部可闻及湿啰音，此湿啰音常可随体位改变而移动。

（2）喘息型慢性支气管炎：为慢性支气管炎患者由于反复感染而发生喘息。每当呼吸系统感染，喘息便发作，并有哮鸣音出现；感染控制后喘息缓解，哮鸣音减少或消失。有人认为，喘息型慢性支气管炎的实质是慢性支气管炎合并支气管哮喘。

（3）支气管肺癌：多发生于 40 岁以上的男性，多有长期吸烟史，常有刺激性咳嗽、咯血、进行性加重的呼吸困难。活检、痰查癌细胞可明确诊断。

3. 治疗要点

（1）一般治疗：休息，吸氧，适量补充液体。有呼吸道感染表现者，积极给予抗生素治疗。

（2）药物治疗

1）β_2 受体激动药

【处方1】 沙丁胺醇气雾剂（舒喘灵）吸入 $100\sim200\mu g$，$3\sim4/d$。

【处方2】 克伦特罗气雾剂（氨哮素）$10\sim20\mu g$，$3\sim4/d$。

【处方3】 特布他林（博利康尼）$25\mu g$，雾化吸入，$3/d$。

2）糖皮质激素

【处方1】 二丙酸倍氯米松（必可酮）气雾剂 200～1 000μg/d。

【处方2】 布地奈德（普米克）气雾剂 200～800μg/d。

【处方3】 琥珀酸氢化可的松注射液 100～400mg，静脉滴注，2～3/d。

【处方4】 甲泼尼龙注射液 80～160mg，静脉滴注，2～3/d。

3）抗胆碱能药物：溴化异丙托品气雾剂 20～40μg，3/d，吸入。

4）茶碱类

【处方1】 氨茶碱注射液 0.25g / 缓慢静脉注射。
5％葡萄糖注射液 20ml

【处方2】 二羟丙茶碱注射液（喘定）0.25g / 缓慢静脉注射（需 10 分钟以上）。
5％葡萄糖注射液 20ml

5）其他：色甘酸钠注射液 3.5～7mg，雾化吸入，3/d。酮替芬片 1mg，口服，2/d。

（3）重症哮喘的治疗

1）补液：根据失水及心脏情况补等渗液 2 000～3 000ml/d。

2）静脉应用糖皮质激素

【处方1】 氢化可的松注射液 100～200mg / 静脉滴注，
5％葡萄糖注射液 100ml 3～4/d。

【处方2】 甲泼尼龙注射液 40mg，静脉注射，3/d。

【处方3】 地塞米松注射液 5～10mg，静脉注射，2/d。

以上用药均于 3d 后减量，改为口服泼尼松片，疗程 7～10d。

3)沙丁胺醇注射液 500μg/次,皮下或肌内注射。亦可应用特布他林 250～500μg 皮下注射,效果明显而不良反应较小。

4)溴化异丙托品溶液雾化吸入。可与 β 受体激动药联合吸入。250～500μg 溴化异丙托品加入 2ml0.9％氯化钠雾化吸入,4～6/d。

5）茶碱类

【处　方】 氨茶碱注射液 0.25g ｜ 静脉滴注(30 分钟5％葡萄糖注射液 100ml ｜

内)

继以 氨茶碱注射液 0.25～0.5g ｜ 缓慢静脉滴注 6～8 小5％葡萄糖注射液 500ml ｜

时,每天总量不超过 1g,缓解后减量或改口服。

6)肾上腺素:在重症哮喘危及生命时,必要时可用 0.1％肾上腺素注射液 0.2～0.5ml 皮下注射。高血压、心脏病患者禁用。

7)其他治疗:氧疗、祛痰药应用、抗生素使用、纠正电解质紊乱及酸碱平衡等。

十九、自发性气胸

在没有创伤或人为因素的情况下,肺组织及脏层胸膜自发性破裂,空气进入胸膜腔,称为自发性气胸。临床上分为闭合性(单纯性)气胸、张力性(高压性)气胸和交通性(开放性)气胸三种类型。

1. 诊断要点

(1)多见于20～40岁瘦高体型青壮年男性；40岁以上多继发于肺脏各种疾病。大多起病急骤，患者突感一侧胸痛，为针刺样或刀割样疼痛，继之胸闷、呼吸困难，伴刺激性咳嗽，积气量大者不能平卧或健侧卧位。严重者出现烦躁不安、发绀、冷汗、心律失常，甚至意识不清、休克、昏迷等。

(2)少量气胸体征不明显，听诊时呼吸音减弱。大量气胸时，气管向健侧移位，患侧胸部隆起，呼吸运动与触觉语颤减弱，叩诊呈过清音或鼓音，听诊呼吸音减弱或消失。

(3)X线胸片检查有气胸线；CT扫描显示胸腔有积气；胸腔穿刺抽出气体。

2. 鉴别诊断

(1)急性冠脉综合征多有冠心病病史，无气胸体征，胸片和心电图可鉴别。

(2)肺大疱起病缓慢，胸片检查无气胸线，肺野透亮度增加，但是仍可见到细小肺纹理，必要时CT可明确诊断。

(3)应注意与支气管哮喘、阻塞性肺气肿、肺动脉栓塞等相鉴别。

3. 治疗要点

(1)一般处理：卧床休息，吸氧，建立静脉通路。

(2)闭合性气胸：小量气胸，肺压缩<30%，可行非手术治疗；大量气胸，可行胸腔穿刺排气。

(3)交通性气胸：经积极非手术治疗的同时，行胸腔插管水封瓶闭式引流术，如效果不佳，行胸膜粘连术或瘘孔闭合术。对于肺的破口大难以闭合，或肺的原发灶需要手术治疗者，可行电视胸腔镜治疗或开胸手术治疗。

（4）张力性气胸：立即行胸腔插管水封瓶闭式引流术，同时监测生命体征、血气，如呼吸循环难以维持稳定，积极开胸手术治疗。

二十、急性呼吸窘迫综合征

急性呼吸窘迫综合征（ARDS）是由于肺内或肺外多种病因引起的急性呼吸衰竭综合征。

1. 诊断要点

（1）有可能发生 ARDS 的原发病。

（2）出现进行性呼吸困难，呼吸次数每分钟大于 30 次。发绀鼻管吸氧不能缓解。肺部体征在早期不明显。

（3）PaO_2 降低，伴或不伴有 $PaCO_2$ 降低或升高。

（4）胸部 X 线检查开始有散在棉花团状阴影，可很快发展为不对称的融合片状阴影，甚至出现"白肺"。

（5）除外心源性肺水肿或非心源性肺水肿引起的呼吸衰竭。

在临床上，凡有引起 ARDS 的原发病，在治疗过程中或在治疗病情好转后，出现进行性呼吸困难，就要考虑有 ARDS 的可能，应及早处理，防止病变发展。

2. 鉴别诊断

（1）急性左心衰竭：常有高血压心脏病、冠心病等心脏病病史，常表现为夜间阵发性呼吸困难、端坐呼吸、咳粉红色泡沫痰，并常伴有心脏扩大、心脏杂音、心律失常等，发作时双肺可闻及弥漫性湿啰音。

（2）支气管肺炎：常有急性上呼吸道感染等病史，主要表现为发热,咳嗽、咳痰,全身乏力,可有轻、中度甚至重度呼吸困难。胸部 X 线表现为弥漫性浸润阴影,肺底尤甚。抗生素治疗有效。

(3)其他:ARDS 的诊断标准并非特异性,还必须排除大片肺不张、自发性气胸、上气道阻塞、急性肺栓塞等。

3. 治疗要点

(1)一般治疗:监护、氧疗、机械通气或持续气道内正压、维持水、电解质平衡。

(2)药物治疗

1)α受体阻滞药:适用于血压较高的患者,可改善微循环,减轻肺水肿。

【处方1】 酚妥拉明注射液(瑞支停)0.2~0.5mg/分钟,静脉泵入。

【处方2】 乌拉地尔注射液(压宁定)2~4μg/kg,静脉泵入。

2)糖皮质激素:可连用 3~4d,不宜过久,主要副作用是可使感染加重及上消化道出血。

【处方1】 地塞米松注射液 20mg,静脉滴注,1~2/d。

【处方2】 琥珀酸氢化可的松注射液 200mg,静脉滴注,1~2/d。

【处方3】 甲泼尼松龙注射液 40~80mg,静脉滴注,1/d。

(3)对症支持治疗:肺部感染者给予足量敏感抗生素。加强支持疗法,给予足够热能,如脂肪乳、氨基酸及多种维生素等。

(4)其他:积极治疗原发病,并预防及治疗并发症。

二十一、急性肺栓塞

急性肺栓塞是内源性或外源性栓子阻塞动脉或其分支引起肺循环障碍的临床综合征。肺动脉发生栓塞后若其支配的肺组织发生坏死,称为肺梗死。

1. 诊断要点

(1)症状:急性肺栓塞的症状多种多样,有不同的组合缺乏特异性。可突然发生呼吸困难和气促;胸痛可表现胸膜炎性或心绞痛样;咳嗽和咯血(常为小量咯血,大咯血少见);烦躁不安、焦虑、惊恐甚至濒死感;晕厥可为唯一或首发症状等。临床上常把呼吸困难、咯血、胸痛称为急性肺栓塞的三联征。

(2)体征:呼吸急促(呼吸频率>20/分钟)最为常见,尚有发热、发绀、心动过速,重症者血压下降甚至休克,可有颈静脉充盈,肺部可闻及细湿啰音、哮鸣音、胸腔积液相应体征。肺动脉瓣区第二音亢进或分裂,P2>A2,三尖瓣区有收缩期杂音。可有深静脉血栓的体征:主要表现为患肢肿胀、周径增粗、浅静脉扩张、皮肤色素沉着、行走后患肢易疲劳且肿胀加重。

(3)辅助检查

1)常规实验室检查:可有白细胞汁数升高,血沉加快,心肌酶谱正常。

2)动脉血气分析:多数为低氧血症,$PaO_2 < 80mmHg$,$PaCO_2$ 常降低,肺泡-动脉血氧分压差增大。部分患者的结果可正常。

3)心电图:多有非特异性 ST-T 改变,部分病例出现 S_1

$Q_{Ⅲ}T_{Ⅲ}$征(即Ⅰ导联S波加深,Ⅲ联导出现Q波及T波倒置);也可有右束支传导阻滞、肺型P波、电轴右偏等。心电图动态改变对诊断更有意义。

4)胸部X线平片:可表现为区域性肺血管纹理变细、稀疏或消失,肺野透亮度增加;肺野局部浸润性阴影;尖端指向肺门的楔形阴影;肺不张;肺动脉段膨隆及右心室扩大征;患侧横膈抬高;少至中量胸腔积液征等。

5)超声心动图:可见右室壁局部运动幅度降低;右心室右心房扩大;近端肺动脉扩张;三尖瓣反流,下腔静脉扩张。这些征象说明肺动脉高压,提示或高度怀疑肺栓塞。若在右心房或右心室发现血栓,同时临床表现符合PTE,可以做出诊断。

6)D-二聚体检测:D-二聚体对PTE诊断敏感性为92%～100%,特异性仅为40%～43%。手术、肿瘤、感染、组织坏死均可升高。若其测定值<500μg/L,可基本除外肺栓塞。

7)影像学检查:肺动脉造影为过去诊断肺栓塞的金标准,但其属于有创检查。近年来,随着核素肺通气/灌注、扫描螺旋CT和电子束CT造影、MRI的发展,使急性肺栓塞的诊断率明显提高。

2. 鉴别诊断

(1)急性心肌梗死:突然发生的严重且持久的胸骨后剧烈疼痛、发热、白细胞计数和血清心肌酶增高,以及心电图进行性改变,可发生心律失常、休克或心力衰竭。

(2)主动脉夹层:突发剧烈的胸背部撕裂样疼痛,严重的可以出现心力衰竭、晕厥,甚至突然死亡,多数患者同时伴有难以控制的高血压。主动脉分支动脉闭塞可导致相应的脑、

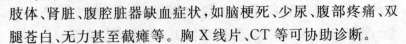

肢体、肾脏、腹腔脏器缺血症状,如脑梗死、少尿、腹部疼痛、双腿苍白、无力甚至截瘫等。胸 X 线片、CT 等可协助诊断。

(3)其他:还应与慢性阻塞性肺疾病、特发性肺动脉高压等相鉴别。

3. 治疗要点

(1)一般治疗:绝对卧床休息,严密监测呼吸、心率、血压、心电图及血气变化。给予吸氧、镇痛等对症处理。

(2)溶栓治疗

【处方 1】 尿激酶 2 万 U/kg 持续静脉滴注 2 小时,最大量不超过 150 万 U。

【处方 2】 rt-PA 50~100mg 持续静脉滴注 2 小时。

使用尿激酶溶栓期间勿同用肝素。溶栓结束后,应每 2~4 小时测定 1 次凝血酶原时间(PT)或活化部分凝血酶原时间(APTT),当其水平低于正常值的 2 倍,即应开始规范的肝素治疗。

(3)抗凝治疗

【处方 1】 肝素注射液 2 000~5 000U,静脉注射,或按 80U/kg 静脉注射,继之以 80U/(kg•h)持续静脉滴注。在开始治疗的 24 小时内每 4~6 小时测定 APTT,根据 APTT 调整剂量,尽快使 APTT 达到并维持正常值的 1.5~2.5 倍。

【处方 2】 肝素皮下注射用法:先予以静脉注射 2 000~5 000U,然后按 250U/kg 每 12 小时皮下注射 1 次。调整注射剂量,伸注射后 6~8 小时的 APTT 达到治疗水平。

【处方 3】 法安明 100~120IU/(kg•h),每 12 小时皮下注射 1 次。

【处方 4】 克赛 60mg,每 12 小时皮下注射 1 次。

【处方5】 华法林片3～5mg/d,初期应与肝素/低分子肝素重叠使用,当国际标准化比率(INR)达到2～3时,或PT延长至1.5～2.5倍时,可停用肝素/低分子肝素,单独口服华法林片治疗。

(4)介入治疗:包括导管血栓捣碎术、局部机械消散术、球囊血管成形术、腔静脉滤器植入术等。

二十二、急性胃炎

急性胃炎是由于各种病因引起的胃黏膜急性炎症。临床上可分为急性单纯性、腐蚀性、中毒性、糜烂性、过敏性和化脓性等胃炎。

1. 诊断要点

(1)症状:急性起病,症状轻重不一,多有上腹部不适、疼痛、恶心、呕吐、食欲不振等。常伴有腹泻,严重者有发热、失水、酸中毒、休克等。腐蚀性胃炎可出现上腹部剧痛、吞咽困难和呼吸困难,严重者有呕血、休克、食管穿孔引起食管气管瘘或胃穿孔引起腹膜炎。中毒性胃炎常有不洁食物摄入史,突出症状为腹泻。糜烂性胃炎可发生上消化道出血,主要表现为呕血和黑粪,严重者可有头晕、心悸和休克等。化脓性胃炎一般呕吐频繁伴寒战和高热,亦可出现中毒性休克。

(2)体征:上腹部或脐周可有压痛,肠鸣音亢进。严重者可有腹膜刺激征。

(3)辅助检查:①血常规。白细胞可有不同程度增高。②便常规。伴腹泻时可见白细胞,伴胃黏膜糜烂时隐血阳性。③胃镜。表现为黏膜充血、水肿、出血点及糜烂。急性腐蚀性和化脓性胃炎一般禁忌胃镜检查,以免进镜注气引起穿孔。

2. 鉴别诊断

(1)消化性溃疡:特点为慢性病程、周期性发作及节律性上腹痛,服用制酸药可使症状缓解。胃镜检查可确诊。

(2)急性胆囊炎:常有右上腹绞痛发作史,可有牵涉痛。右上腹有局限性腹膜炎体征,并多有黄疸,Muphy 征阳性。B超检查有助于鉴别。

(3)其他:需与急性胰腺炎、急性阑尾炎等相鉴别。

3. 治疗要点

(1)一般治疗:去除病因,保护胃黏膜,纠正水、电解质失衡。

(2)药物治疗

1)胃黏膜保护药

【处方1】 硫糖铝凝胶(素得) 1g,饭后口服,2/d。

【处方2】 胶体果胶铋片 1~3 片,口服,3/d。

2)质子泵抑制药

【处方1】 奥美拉唑片(洛赛克)20mg,口服,2/d。

【处方2】 泮托拉唑片 40mg,口服,2/d。

3)H_2 受体拮抗药

【处方1】 西咪替丁片 200 mg,口服,3/d。

【处方2】 雷尼替丁胶囊 150 mg,清晨或睡前口服,2/d。

【处方3】 法莫替丁片 20mg,口服,2/d。

4)解痉镇痛药

【处方1】 颠茄合剂 10ml,口服,3/d。

【处方2】 阿托品注射液 0.5mg,肌内注射。

【处方3】 哌替啶注射液(度冷丁)50~100mg,肌内注射。

5）止吐药

【处　方】　甲氧氯普胺注射液 10～20mg,肌内注射。

6）抗生素治疗:全身或局部感染者给予足量、敏感抗生素治疗。

（3）手术治疗。

二十三、急性胃扩张

急性胃扩张是指因各种原因引起大量内容物积聚不能排出而导致胃及十二指肠的极度扩张。

1. 诊断要点

（1）症状:反复呕吐、腹痛、腹胀、脱水、电解质和酸碱平衡紊乱,少数患者可突然发生急性胃穿孔,甚至死亡。

（2）体征:上腹部高度膨隆,可见巨大的胃型,无胃蠕动波,有明显的振水音。肠鸣音减弱或消失。上腹或全腹有轻压痛。如病程中突然出现剧烈腹痛,全腹有压痛及反跳痛,腹部移动性浊音阳性,则表示出现胃穿孔。

（3）辅助检查

1）血常规:白细胞总数多正常。若并发胃穿孔,白细胞可显著增高。

2）血生化:可有血钾、钠、氯降低,尿素氮、肌酐可升高。

3）腹部 B 超:可见扩大的胃轮廓。

4）腹部 X 线立位平片:可见膨大的胃泡,有巨大的气液平面,胃阴影明显扩大。

2. 鉴别诊断

（1）急性胃炎:可出现频繁的呕吐、上腹部疼痛,但急性胃

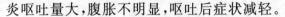

炎呕吐量大,腹胀不明显,呕吐后症状减轻。

(2)幽门梗阻:本病多由于十二指肠溃疡病所致。可发生上腹胀满、疼痛。呕吐物为胃内容物,量大。可见胃蠕动波,并可有振水音。呕吐物中无胆汁。X线检查可发现幽门梗阻,胃扩张。但无十二指肠扩张。

(3)弥漫性腹膜炎:有胃肠道穿孔或腹腔内脏器急性炎症逐渐扩散病史,腹膜炎体征明显,常伴有发热、白细胞计数增高,麻痹性肠梗阻时,肠鸣音消失,腹部 X 线平片有多数液平面。

3. 治疗要点

(1)一般治疗:禁食禁水,持续胃肠减压,纠正水、电解质、酸碱平衡紊乱。

(2)药物治疗

【处方 1】$\left.\begin{array}{l}0.9\%氯化钠\ 1\,000\sim2\,000ml\\10\%氯化钾注射液\ 30\sim60ml\end{array}\right|$静脉滴注。

【处方 2】 低分子右旋糖酐注射液 500ml,静脉滴注。

(3)外科治疗:适用于以下情况:①内科治疗无效者。②胃内存有大量食物无法用胃管抽出者。③合并有胃穿孔、大量胃出血、胃壁坏死者。

二十四、上消化道出血

1. 诊断要点

(1)病因诊断:上消化道出血原因很多,最常见的原因依次为消化性溃疡、食管及胃底静脉曲张出血、胃及十二指肠的糜烂性炎症、胃癌,少见的原因有食管裂孔疝、食管炎、贲门黏膜撕裂症、胃黏膜脱垂、胆道或憩室出血等。

(2)呕血与黑粪:一般幽门以上出血先有呕血,后有黑粪;幽门以下出血多表现为黑粪。但幽门以上出血量小,可只表现为黑粪或隐血试验阳性;幽门以下出血量大时,反流入胃可先有呕血后有黑粪。呕血与便血的颜色取决于出血量及在胃内停留的时间。出血量判断:粪便隐血试验阳性提示每日出血量在 5ml 以上,黑粪出血量在 50ml 以上,呕血出血量在 250～300ml 以上。一般 1 次出血小于 400ml 不引起全身症状。出血量在 1 000ml 以上时出现周围循环衰竭,有头晕、出汗、心悸、血压下降和晕厥。

(3)失血性周围循环衰竭:出血量较大、失血较快者,可出现头晕、心悸、出汗、恶心、口渴、黑朦或晕厥等循环衰竭症状。

(4)实验室检查:血常规表现急性失血性贫血,白细胞计数于出血后 2～5 小时可升高至$(10～20)×10^9/L$;粪便隐血试验阳性。

(5)胃镜检查病情允许,急诊胃镜检查。

2. 鉴别诊断

(1)伴有黄疸,多见于肝硬化、脾功能亢进、出血性胆管炎、重症肝炎及壶腹癌等。

(2)伴皮肤黏膜出血,可见于血液病、败血症、钩端螺旋体病、重症肝炎及尿毒症等。

(3)伴消瘦、左锁骨上淋巴结肿大,需考虑胃癌、胰腺癌等。

3. 治疗要点

(1)一般治疗,平卧位休息,安静少搬动,保持呼吸道通畅、禁食、必要时吸氧,密切观察神志、血压、脉搏、呼吸、出血量。

（2）补充血容量，维持水、电解质、酸碱平衡。建立两条静脉通道，给予输液、输血。

（3）药物治疗

1）非静脉曲张上消化道出血的治疗

【处方 1】 去甲肾上腺素注射液 8mg ｜ 经胃管注入胃内，
冰盐水 100ml

30 分钟后抽出，1/小时。

【处方 2】 凝血酶 2 000U ｜ 胃内灌注，1/0.5 小时，共
0.9%氯化钠 50ml

3 次。

【处方 3】 5%孟氏液（Monsell 溶液）30ml，从胃管或胃镜注入喷洒在出血灶上。

【处方 4】 西咪替丁注射液 400mg，静脉滴注或小壶加入，1/6 小时。

或 法莫替丁注射液 40mg，静脉注射，2/d。

或 奥美拉唑注射液（洛赛克）40mg ｜ 静脉滴注，2/d。
0.9%氯化钠 100ml

【处方 5】 立止血 1 000～2 000U，静脉注射、肌内注射或皮下注射。酌情选用云南白药等。

2）食管胃底静脉曲张出血的治疗

【处方 1】 垂体后叶素注射液 10U ｜ 静脉注射(15 分钟)。
5%葡萄糖注射液 40ml

继以 垂体后叶素注射液 100U ｜ 静脉滴注，以 0.2～
5%葡萄糖注射液 500ml

0.4U/分钟泵入，止血后每 12 小时减 0.1U/分钟。

【处方 2】 生长抑素注射液（施他宁）首剂 $250\mu g$ 静脉注射，继以 $250\mu g/h$ 持续静脉滴注，连续 $36\sim48$ 小时；或奥曲肽注射液（善宁）首剂 $100\mu g$ 静脉注射，继以 $25\sim50\mu g/h$ 持续静脉滴注，连续 $36\sim48$ 小时。

（4）其他：内镜下治疗（对出血灶进行电凝、激光、微波及喷洒止血药等）、三腔二囊管压迫止血、手术治疗等。

二十五、糖尿病酮症酸中毒

糖尿病酮症酸中毒是由于体内胰岛素绝对或相对不足，引起糖、脂肪和蛋白质代谢紊乱，临床上以高血糖、高酮血症和代谢性酸中毒为主要表现的临床综合征，是糖尿病最为常见的急性并发症。

1. 诊断要点

（1）诱因：糖尿病患者因各种感染、严重精神刺激、创伤、心脑血管病发作、胰岛素减量或中断胰岛素治疗而诱发。

（2）糖尿病症状加重：出现食欲不振、恶心、呕吐、腹痛（严重者可误诊为急腹症）。有不同程度脱水，皮肤干燥、弹性差。可有血压下降、心率加快、心律失常、头痛，乏力，甚至昏睡、昏迷。呼吸深快呼出气体有烂苹果丙酮味。

（3）体征：皮肤干燥，弹性差，心动过速，呼吸深快，各种反射消失，昏迷等。

（4）实验室检查

1）血糖增高，常在 $16.8\sim33.3mmol/L$（$300\sim600mg/dl$）。

2）尿糖、尿酮体阳性或强阳性。

3)动脉血气分析:pH＜7.35。CO$_2$CP、PCO$_2$、HCO$_3$ 降低(＜15mmol/L)。

4)电解质:血钠、血氯降低,血钾正常或偏低,治疗后可出现低钾血症,血镁、血磷偏低。

2. 鉴别诊断

(1)高渗性高血糖状态:此类患者亦可有脱水,休克,昏迷等表现,老年人多见,但血糖常超过 33.3mmol/L,血钠超过155mmol/L,血浆渗透压超过 330mmol/L,血酮体为阴性或弱阳性。

(2)乳酸性酸中毒:起病急,有感染、休克、缺氧史,有酸中毒、呼吸深快和脱水表现,虽可有血糖正常或升高,但其血乳酸显著升高(超过 5mmol/L),阴离子间隙超过 18mmol/L。

(3)其他:注意与饥饿性酮症、低血糖昏迷等相鉴别。

3. 治疗要点 治疗原则是尽快补充血容量,纠正脱水,降低血糖,纠正电解质及酸碱平衡失调,积极寻找和消除诱因,防治并发症,降低病死率。

(1)补液:补液总量一般按体重的 10％估算;补液速度按先快后慢原则。先补等渗液,在无心脏禁忌情况下,立即在1～1.5 小时,以 15～20ml/(kg·h)的速度静脉滴注 0.9％氯化钠,接着可根据患者当时情况(脱水程度、电解质水平、尿量)选择其他液体补充。当血糖降至 13.9mmol/L(250mg/dl)左右时,改输 5％葡萄糖注射液并在葡萄糖注射液内加入普通胰岛素。一般 24 小时内应输入 4 000～6 000ml,老年人、心肾功能不全者输液量不宜过多,需做中心静脉压监测。

(2)胰岛素治疗:建一条单独静脉通路是十分必要的,静脉胰岛素治疗要保持一定的浓度和滴速。小剂量应用胰岛素,普通胰岛素剂量按 0.1U /(kg·h)(5～7U/h)计算,较少引起脑水肿、低血糖、低血钾,加入 0.9％氯化钠中持续滴注。也可用普通胰岛素 50U 加入 0.9％氯化钠 500ml 内静脉滴注,以 16 滴/分钟的滴速持续滴注,即相当于 6U/h。当血糖降至 13.9mmol/L(250mg/dl)左右时改用 5％葡萄糖注射液,按 3～4g 糖对 1U 胰岛素的比例加胰岛素静脉滴注。胰岛素和葡萄糖用量要根据血糖水平及时调整,在静脉应用胰岛素期间,使血糖保持在以上水平。当患者能进餐、酮体转为弱阳性时,即可改为餐前皮下注射胰岛素治疗方案。

【处方 1】 血糖＞16.7 mmol/L(300 mg/dl)。

0.9％氯化钠 500ml。 静脉滴注(1 小时内)。
普通胰岛素 6U

【处方 2】 血糖降至 13.9mmol/L(250mg/dl)。

5％葡萄糖注射液 500ml。 静脉滴注。
普通胰岛素 8U

(3)补钾:在补液和应用胰岛素后尿钾排出增加,钾向细胞内转移,应注意补钾。尿量在 1 500ml/d 以上时,24 小时补钾 6g 左右,在补钾后血钾仍不上升,需注意有无低镁,可肌内注射或静脉注射 10％～25％硫酸镁 10ml,肾功能不良者慎用。

(4)酸中毒治疗:轻、中度酸中毒经输液,应用胰岛素后即可自行恢复正常。酮体亦在胰岛素应用后停止产生,不需补碱。当严重酸中毒血 pH＜7.1,可考虑应用 5％碳酸氢钠注射液 84ml 或用注射用水稀释成 1.25％溶液静脉滴注。

(5)其他:积极治疗诱因及并发症。

二十六、高渗性高血糖状态

高渗性高血糖状态的特点是血糖极高,血浆渗透压升高,伴有严重脱水及不同程度的意识障碍,没有明显的酮症酸中毒。病情危重病死率高。

1. 诊断要点

(1)病因:多见于老年 2 型糖尿病(非胰岛素依赖型糖尿病)患者或无糖尿病病史者。大部分患者有明显诱因,如各种感染、手术及服用能增高血糖的药物,使用利尿药,或饮水不足、吐泻。

(2)临床症状:糖尿病的症状加重,如烦渴、多尿、无力。随着脱水加重,表现反应迟钝、淡漠无欲。可出现定向障碍、幻觉、不同程度的意识障碍,乃至昏迷。

(3)体征:明显脱水为本症的特征,皮肤弹性下降、眼眶凹陷、口唇干燥。血容量减少、心搏加快、血压下降。

(4)实验室检查:①高血糖。血糖一般>16.7 mmol/L(300 mg/dl)。②尿常规,尿糖呈强阳性、酮体阴性或弱阳性。③动脉血气分析,$pH>7.3$,血浆 $HCO_3>20$mmol/L(>20mEq/L)。④血肌酐、BUN 增高,血浆酮体正常或轻度升高。⑤血浆渗透压>330mmol/L。

2. 鉴别诊断

(1)酮症酸中毒:主要表现为高血糖、高酮血症和代谢性酸中毒,呼吸深快呼出气体有烂苹果样丙酮味。实验室检查:血糖增高,一般低于 33.3mmol/L。尿糖、尿酮体阳性或强阳性。

(2)急性胰腺炎:早期约50％的患者出现暂时性轻度血糖增高,但随着胰腺炎的康复,2～6周内多数患者高血糖降低,而急性出血坏死型胰腺炎患者则有胰腺组织的大片出血坏死,存在胰岛B细胞受损,其受损程度与患者糖代谢紊乱的严重性和持续时间有关,如胰岛B细胞受损严重,可并发高渗性昏迷。

(3)其他:注意与乳酸性酸中毒及低血糖昏迷相鉴别。

3. 治疗要点

(1)积极补液。纠正血液的高渗状态,有低血容量休克或收缩压<10.7kPa,血钠<150 mmol/L者,应先补生理盐水,以较快提高血容量,改善肾血流,恢复肾脏调节渗透压和电解质的功能,必要时可间断输血浆或全血。若血容量恢复,血压回升而渗透压仍高时,再改用低渗溶液;血压正常,血钠>150 mmol/L,血浆渗透压>350 mmol/L者,应首先补充0.45％～0.6％氯化钠溶液,当血浆渗透压降至350 mmol/L以下时,再输0.9％氯化钠,若血糖下降至13.9 mmol/L(250 mg/d1),渗透压≤330 mmol/L,应给予5％葡萄糖0.9％氯化钠或5％葡糖糖溶液。补液量应根据病情及脱水程度而定,一般最初1小时补0.9％氯化钠1 000ml,然后根据血压和血钠水平考虑补液种类,一般按体重的10％～12％估计失水量。按先快后慢的原则,最初1～2小时补液1 000～2 000ml,其余部分24小时内输入。注意心功能,观察尿量,必要时监测中心静脉压。

【处方1】 低血容量休克或收缩压<10.7kPa,血钠<150mmol/L。

生理盐水 500ml
普通胰岛素 6U ｜静脉滴注。

【处方 2】 血压正常,血钠＞150 mmol/L,血浆渗透压＞350 mmol/L。

0.45％～0.6％氯化钠溶液 500ml
普通胰岛素 6U ｜静脉滴注。

【处方 3】 血糖降至 13.9 mmol/L(250 mg/dl),渗透压≤330 mmol/L 时。

5％葡萄糖 0.9％氯化钠 500ml
普通胰岛素 4U ｜静脉滴注。

低血容量休克或收缩压＜10.7kPa,血钠＜150 mmol/L,应先补生理盐水。

(2)多采用小剂量胰岛素维持静脉滴注,每小时 4～6U。用法与酮症酸中毒相似,但高渗昏迷患者胰岛素用量相对较少。

(3)当血钾＜5.5mmol/L 且有尿时,积极补钾,维持血钾在 4～5mmol/L。

(4)积极治疗并发症,足量抗生素治疗感染。预防心肾功能衰竭和脑水肿。

二十七、低血糖症

1. 诊断要点

(1)低血糖临床症状包括交感神经兴奋症状和人脑功能障碍症状:①交感神经兴奋症状:心慌、大汗、饥饿感、手足震颤、皮肤苍白、四肢厥冷、血压轻度升高等;②脑功能障碍症状。从大脑皮质开始,出现意识障碍、语言不清、定向力丧失、嗜睡、多汗、震颤、头痛、头晕、视物模糊。并可出现精神失常,如恐慌、幻觉、躁狂。以后依次累及间脑、中脑、脑桥、延髓,如不及时纠正低血糖状态,可引起不可逆的脑器质性损害。部分患者低血糖时只表现为突发的昏迷。

(2)实验室检查:①血糖<2.8mmol/L(45mg/dl);②应进行胰岛素、胰岛素原、C肽、胰高血糖素、生长激素、皮质醇和肝功能测定。

确定低血糖症可依据 Whipple 三联征:①血糖低于 2.8 mmol/L;②有低血糖的临床表现;③给予糖后低血糖症状迅速缓解。

2. 鉴别诊断

(1)胰岛 B 细胞瘤:又称胰岛素瘤,以反复发作的空腹低血糖为临床特征,多发生于清晨空腹,少数可见于午饭、晚饭前。实验室检查可见血浆胰岛素、胰岛素原、C肽均增高,且胰岛素原、C肽不受外源性胰岛素抑制。

(2)功能性低血糖:病因尚未明确,临床表现为餐后 2～4 小时出现心慌、面色苍白、出汗、手足震颤等低血糖症状,多发生于早餐和午餐后。血糖可以正常或略低,但一般不会<2.8mmol/L。血浆胰岛素水平、胰岛素释放指数均正常。

(3)其他:还需与脑血管意外、糖尿病酮症酸中毒、糖尿病非酮症高渗性昏迷等相鉴别。

3. 治疗要点

(1)一般治疗:清醒患者可给予进食糖类食物,或葡萄糖、蔗糖开水冲服。

(2)昏迷或不能进食者

【处方1】 50％葡萄糖注射液50ml,静脉注射。

【处方2】 5％～10％葡萄糖注射液500ml,静脉滴注。

【处方3】 胰高血糖素注射液1mg,肌内注射。

【处方4】 20％山梨醇注射液200ml,静脉滴注。

【处方5】 5％葡萄糖注射液500ml — 氢化可的松注射液100mg — 静脉滴注。

(3)其他:积极寻找病因并给予治疗,如胰岛素瘤所致者,需进行手术切除。

二十八、甲状腺功能亢进危象

甲状腺功能亢进危象(甲亢危象)是甲亢的一种严重并发症。常因甲亢经治疗,或虽经治疗但病情未得到控制加之某种因素使原有甲亢症状突然加重而达到危及生命的状态。

1. 诊断要点

(1)主要表现:①高热。体温急剧升高,在24～48小时可达到39℃,甚至可高达41℃,大汗淋漓,脱水明显。②循环系统。心动过速,心率＞160次/分钟,可出现多种心律失常,如期前收缩、室上性心动过速、心房纤颤、房室传导阻滞等。亦可发生心力衰竭、血压升高、脉压差增大,休克等。③消化系统。恶心、呕吐、腹泻等。④神经精神障碍。焦虑、烦躁、谵妄甚至昏迷。

(2)实验室检查:①血清总三碘甲腺原氨酸(TT_3)、血清总四碘甲腺原氨酸(TT_4)、游离T_3(FT_3)、游离T_4(FT_4)均升高,TSH降低。②基础代谢率(BMR)＞40％。

2. 鉴别诊断

(1)重症感染:以高热、大汗、白细胞增高为主要表现的甲亢危象,易误诊为重症感染。感染的发热多出汗后体温下降,用解热药有效,而甲亢危象时,高热持续不退,伴大汗淋漓,用解热药无效,且心率极度增快与体温升高不成比例。

(2)心脏疾病:以心律失常、心力衰竭、烦躁不安为主要表现的甲亢危象,加上脉压差增大、心电图有缺血的改变,在老年人易误诊为冠心病合并心力衰竭。但是,甲亢危象有甲状腺肿大,有杂音、震颤,第一心音增强,甲功五项可明确诊断。

(3)其他:须与急性胃肠炎、某些肝脏疾病等相鉴别。

3. 治疗要点

(1)一般治疗:积极控制发病诱因、镇静退热、纠正水电解质酸碱失衡。

【处方1】 地西泮注射液 10mg,肌内注射。

【处方2】 哌替啶注射液 25mg
异丙嗪注射液 25mg | 肌内注射。

(2)针对甲亢危象常用的药物治疗

1)抑制甲状腺激素的生物合成

【处方1】 丙硫氧嘧啶片(PTU)600mg,口服(首剂),以后 200～300mg,口服,1/(6～8)h。

【处方2】 甲巯咪唑片(他巴唑)60mg,口服(首剂),以后 20～30mg,口服,1/(6～8)h。

2)抑制甲状腺激素释放

【处方1】 复方碘溶液(Lμgol)30～50 滴,口服(首剂),以后 5～10 滴,口服,1/(6～8)h。

【处方 2】 碘化钠注射液 0.5～1g

10％葡萄糖注射液 500ml | 静脉滴注,1/12 小时。

【处方 3】 碳酸锂片 300mg,口服,1/6 小时。

3)拮抗甲状腺激素的外周作用

【处方 1】 普萘洛尔片（心得安）10～40mg,口服,1/(4～6)h。

【处方 2】 胍乙啶片 30～40mg,口服,1/6 小时。

4)肾上腺皮质激素的应用

【处方 1】 氢化可的松注射液 200～300mg

0.9％氯化钠 100ml | 静脉滴注。

【处方 2】 地塞米松注射液 10～30mg

0.9％氯化钠 100ml | 静脉滴注。

二十九、癔　症

癔症是一种常见的神经症,多由精神创伤所致,因精神因素的影响突然发病,部分有遗传史,可有阵发性精神失常。患者具有浓厚情感色彩的精神障碍或躯体功能障碍,常常带有戏剧性和幻想性行为,富于暗示性,发作短暂,短者数分钟,长者 30～60 分钟,可有诱因性反复发作,但预后良好。女性多见,与性格特征有关。

1. 诊断要点

(1)病因

1)遗传:最早的癔症遗传学研究是 Kraulis 在 1931 年完成的。他调查研究了 1906～1923 年被 Kraepelin 诊断为癔症患者的所有亲属,发现患者父母中有9.4%曾患癔症住院;兄弟姐妹中有6.25%曾患癔症住院。癔症患者的父母和兄弟姐妹中分别有1/2和1/3的人有这种或那种人格障碍。

2)素质与人格类型:通常认为,具有癔症个性的人易患癔症。所谓癔症个性即表现为情感丰富、有表演色彩、自我中心、富于幻想、暗示性高。国外还有不成熟、要挟、性挑逗等特征的描述。

3)躯体因素:临床发现神经系统的器质性损害有促发癔症的倾向。多发性硬化、颞叶局灶性病变、散发性脑炎、脑外伤等均可导致癔症样发作。

(2)临床表现

1)分离症状的主要表现

①分离性遗忘。表现为突然不能回忆起重要的个人经历,遗忘内容广泛,一般都是围绕创伤性事件。这一遗忘的表现不能用使用物质、神经系统病变或其他医学问题所致生理结果来解释。固定的核心内容在觉醒状态下始终不能回忆。

②分离性漫游。伴有个体身份的遗忘,表现为突然的、非计划内的旅行。分离性漫游的发生与创伤性或无法抗拒的生活事件有关。

③情感暴发。很多见,表现为情感发泄,时哭时笑,吵闹,对自己的情况以夸张性来表现。发作时意识范围可狭窄,有冲动毁物、伤人、自伤和自杀行为表现。

④假性痴呆。给人傻呆幼稚的感觉,但并不具备痴呆的表现。

⑤双重和多重人格。表现为忽然间身份改变,比较典型的就是民间说的"鬼怪附体"。

⑥精神病状态。发病时可出现精神病性症状,与分裂症的区别主要在于幻觉和妄想的内容不太固定,多变化,并且很易受暗示。

⑦分离性木僵。精神创伤之后或为创伤体验所触发,出现较深的意识障碍,在相当长时间维持固定的姿势,仰卧或坐着,没有言语和随意动作,对光线、声音和疼痛刺激没有反应,此时患者肌张力、姿势和呼吸可无明显异常。

2)转换症状的主要表现

①运动障碍。可表现为动作减少,增多或异常运动。瘫痪可表现单瘫、截瘫或偏瘫,检查不能发现神经系统损害证据;肢体震颤、抽动和肌阵挛;起立不能,步行不能;缄默症、失音症。

②痉挛障碍。常于情绪激动或受到暗示时突然发生,缓慢倒地或床上,呼之不应,全身僵直,肢体抖动等,无大小便失禁,大多历时数十分钟。

③抽搐大发作。发作前常有明显的心理诱因,抽搐发作无规律性,没有强直及阵挛期,常为腕关节、掌指关节屈曲,指骨间关节伸直,拇指内收,下肢伸直或全身僵硬,呼吸阵发性加快,脸色略潮红,无尿失禁,不咬舌,发作时瞳孔大小正常,角膜反射存在,甚至反而敏感,意识虽似不清,但可受暗示使抽搐暂停,发作后期肢体不松弛,一般发作可持续数分钟或数小时之久。

④各种奇特的肌张力紊乱、肌无力、舞蹈样动作,但不能证实有器质性改变。

⑤听觉障碍。多表现为突然听力丧失,电测听和听诱发电位检查正常,失声、失语,但没有声带,舌、喉部肌肉麻痹,咳

嗽时发音正常,还能轻声耳语。

⑥视觉障碍。可表现为弱视、失明、管视、同心性视野缩小,单眼复视,常突然发生,也可经过治疗突然恢复正常。

⑦感觉障碍。可表现为躯体感觉缺失,过敏或异常,或特殊感觉障碍。感觉缺失范围与神经分布不一致;感觉过敏表现为皮肤局部对触摸过于敏感。

3)癔症的特殊表现形式

①流行性癔症。即癔症的集体发作,多发于共同生活且经历、观念基本相似的集体中。起初有一人发病,周围人目睹受到感应,通过暗示,短期内呈爆发性流行。

②赔偿性神经症。在工伤、交通事故或医疗纠纷中,受害者有时会故意显示、保留或夸大症状,如处理不当,这些症状往往可持续很久。有人认为,这属于癔症的一种特殊形式。

③职业性神经症。是一类与职业活动密切相关的运动协调障碍,如舞蹈演员临演时下肢运动不能,教师走上讲台时失声等。

④癔症性精神病。在精神刺激后突然发病,主要表现为意识朦胧、漫游症、幼稚与紊乱行为及反复出现的幻想性生活情节,可有片段的幻觉、妄想。自知力不充分,对疾病泰然漠视。此病一般急起急止,病程可持续数周,其间可有短暂间歇期。缓解后无后遗症状,但可再发。

2. 鉴别诊断

(1)急性应激障碍:急性应激障碍的发生、发展与精神刺激因素的关系非常密切,患者在强烈应激事件后立刻发病,病程短暂,无反复发作史,预后良好。

(2)精神分裂症:分离性障碍的情感爆发和幼稚动作等表

现易与急性发作的精神分裂症青春型相混淆。青春型精神分裂症患者的情感变化莫测、忽哭忽笑,与周围环境无相应联系,行为荒诞离奇,愚蠢可笑,不可理解。

(3)神经系统疾病:分离转换性障碍如出现感觉异常、运动障碍或抽搐发作时,与神经系统疾病表现相似。但分离转换性障碍无器质性病变基础,神经系统查体不会出现相应阳性体征,辅助检查也可进一步明确诊断。

(4)诈病:诈病是指毫无病情,为了某种目的而装扮成疾病;或是虽有一定病情,为了达到某一目的而故意扩大病情的情况。诈病的"症状"发作完全由主观愿望决定,随意控制,目的一旦达到,"症状"就会不治自愈。但是,分离转换性障碍的症状一旦发生,是主观意识无法控制的。

3. 治疗要点

(1)心理治疗

1)了解病史,取得信任:首先详细了解患者的个人发展史、个性特点、社会环境状况、家庭关系、重大生活事件,以热情、认真、负责的态度赢得患者的信任。让患者表达、疏泄内心的痛苦、积怨和愤懑。医生要耐心、严肃的听取,稍加诱导,与患者共同选择解决问题的方法。

2)暗示治疗:是治疗分离转换性障碍的经典方法,特别适用于那些急性发作而暗示性又较高的患者。暗示治疗包括觉醒时暗示、催眠治疗、诱导疗法等。

3)系统脱敏疗法:系统脱敏疗法是行为疗法之一。通过系统脱敏的方法,使那些原能诱使此病的精神因素逐渐失去诱发的作用,从而达到减少甚至预防复发的目的。

4)分析性心理治疗:医生可采用精神分析技术或领悟疗

法,探寻患者的无意识动机,引导患者认识到无意识动机对自身健康的影响,并加以消除。主要适用于分离性遗忘、分离性多重人格、分离性感觉和分离性运动障碍。

5)家庭治疗:当患者的家庭关系因疾病受到影响,或治疗需要家庭成员的配合时,可采用此方法,用以改善患者的治疗环境。

(2)药物治疗:氯丙嗪片 25mg,口服;或地西泮注射液 10mg,肌内注射;或艾司唑仑片 2mg,口服;或多塞平片 50mg,口服。

(3)针刺、电针等物理疗法:针刺人中、十宣、涌泉等穴,癔症性瘫痪可针刺合谷、曲池、足三里、三阴交等穴。

三十、癫痫发作

癫痫(epilepsy)即俗称的"羊角风"或"羊癫风",是大脑神经元突发性异常放电,导致短暂的大脑功能障碍的一种慢性疾病。由于异常放电的起始部位和传递方式的不同,癫痫发作的临床表现复杂多样,可表现为发作性运动、感觉、自主神经、意识及精神障碍。

1. 诊断要点

(1)病因:癫痫病因复杂多样,包括遗传因素、脑部疾病、全身或系统性疾病等。

1)遗传因素:遗传因素是导致癫痫尤其是特发性癫痫的重要原因。分子遗传学研究发现,一部分遗传性癫痫的分子机制为离子通道或相关分子的结构或功能改变。

2)脑部疾病:先天性脑发育异常,如大脑灰质异位症、脑穿通畸形、结节性硬化、脑面血管瘤病等；颅脑肿瘤，如原发性或转移性肿瘤；颅内感染，如各种脑炎、脑膜炎、脑脓肿、脑囊虫病、脑弓形虫病等；颅脑外伤，如产伤、颅内血肿、脑挫裂伤及各种颅脑复合伤等；脑血管病，如脑出血、蛛网膜下隙出血、脑梗死和脑动脉瘤、脑动静脉畸形等；变性疾病，如阿尔茨海默病、多发性硬化、皮克病等

3)全身或系统性疾病：缺氧，如窒息、一氧化碳中毒、心肺复苏后等；代谢性疾病，如低血糖、低血钙、苯丙酮尿症、尿毒症等；内分泌疾病，如甲状旁腺功能减退、胰岛素瘤等；心血管疾病：阿-斯综合征、高血压脑病等；中毒性疾病，如有机磷中毒、某些重金属中毒等；其他还有血液系统疾病、风湿性疾病、子痫等。

(2)临床表现：由于异常放电的起始部位和传递方式的不同，癫痫发作的临床表现复杂多样。

1)全面强直-阵挛性发作：以突发意识丧失和全身强直、抽搐为特征，典型的发作过程可分为强直期、阵挛期和发作后期。一次发作持续时间一般小于 5 分钟，常伴有舌咬伤、尿失禁等，并容易造成窒息等伤害。强直-阵挛性发作可见于任何类型的癫痫和癫痫综合征。

2)失神发作：典型失神表现为突然发生，动作终止，凝视，叫之不应，可有眨眼，但基本不伴有或伴有轻微的运动症状，结束也突然。通常持续 5～20 秒，一般不超过 1 分钟。主要见于儿童。

3)强直发作：表现为全身或者双侧肌肉的发作性强烈持续的收缩，肌肉僵直，使肢体和躯体固定在一定的紧张姿势，如轴性的躯体伸展背屈或者前屈。常持续数秒至数十秒，但

是一般不超过 1 分钟。强直发作多见于有弥漫性器质性脑损害的癫痫患者，一般为病情严重的标志，主要为儿童。

4）肌阵挛发作：是肌肉突发快速短促的收缩，表现为类似于躯体或者肢体电击样抖动，有时可连续数次，多出现于觉醒后。可为全身动作，也可以为局部的动作。肌阵挛临床上常见，但并不是所有的肌阵挛都是癫痫发作。既存在生理性肌阵挛，又存在病理性肌阵挛。同时伴脑电图多棘慢波综合的肌阵挛属于癫痫发作，但有时脑电图的棘慢波可能记录不到。

5）痉挛：表现为突然、短暂的躯干肌和双侧肢体的强直性屈性或者伸性收缩，多表现为发作性点头，偶有发作性后仰。其肌肉收缩的整个过程为 1～3 秒，常成簇发作。

6）失张力发作：是由于双侧部分或者全身肌肉张力突然丧失，导致不能维持原有的姿势，出现猝倒、肢体下坠等表现，发作时间相对短，持续数秒至 10 秒多见，发作持续时间短者多不伴有明显的意识障碍。失张力发作多与强直发作、非典型失神发作交替出现于有弥漫性脑损害的癫痫。

7）单纯部分性发作：发作时意识清楚，持续时间数秒至 20 秒，很少超过 1 分钟。根据放电起源和累及的部位不同，单纯部分性发作可表现为运动性、感觉性、自主神经性和精神性，后两者较少单独出现，常发展为复杂部分性发作。

8）复杂部分性发作：发作时伴有不同程度的意识障碍。表现为突然动作停止，两眼发直，叫之不应，不跌倒，面色无改变。有些患者可出现自动症，为一些不自主、无意识的动作，如舔唇、咂嘴、咀嚼、吞咽、摸索、擦脸、拍手、无目的走动、自言自语等，发作过后不能回忆。其大多起源于颞叶内侧或者边缘系统，但也可起源于额叶。

9)继发全面性发作:简单或复杂部分性发作均可继发全面性发作,最常见继发全面性强直阵挛发作。部分性发作继发全面性发作仍属于部分性发作的范畴,其与全面性发作在病因、治疗方法及预后等方面明显不同,故两者的鉴别在临床上尤为重要。

(3)脑电图:可有高波幅棘波、棘-慢综合波、高电位慢波。

2. 鉴别诊断 临床上存在多种多样的发作性事件,既包括癫痫发作,也包括非癫痫发作。非癫痫发作在各年龄段都可以出现,非癫痫发作包括多种原因,其中一些是疾病状态,如晕厥、短暂性脑缺血发作(TIA)、发作性运动诱发性运动障碍、睡眠障碍、多发性抽动症、偏头痛等。另外一些是生理现象,如屏气发作、睡眠肌阵挛、夜惊等。

鉴别诊断过程中应详细询问发作史,努力寻找引起发作的原因。此外,脑电图特别是视频脑电图监测对于鉴别癫痫性发作与非癫痫性发作有非常重要的价值。对于诊断困难的病例,可以介绍给专科医师。

不同年龄段常见非癫痫性发作。新生儿:要与周期性呼吸、非惊厥性呼吸暂停、颤动相鉴别。婴幼儿:要与屏气发作、非癫痫性强直发作、情感性交叉擦腿动作、过度惊吓症相鉴别。儿童:要与睡眠肌阵挛、夜惊、梦魇及梦游症、发作性睡病、多发性抽动症相鉴别。

3. 治疗要点

(1)急救措施:有先兆发作的患者应及时告知家属或周围人,有条件及时间可将患者扶至床上,来不及者可顺势使其躺倒,防止意识突然丧失而跌伤。迅速移开周围硬物、锐器,减少发作时对身体的伤害。迅速松开患者衣领,使其头转向一侧,以利于分泌物及呕吐物从口腔排出,防止流入气管引起呛咳窒息。不要向患者口中塞任何东西,不要灌药,防止窒息。不要去掐患者的人中,这样对患者毫无益处。不要在患者抽搐期间强制性按压患者四肢,过分用力可造成骨折和肌肉拉伤,增加患者的痛苦。癫痫发作一般在 5 分钟之内都可以自行缓解。如果连续发作或频繁发作时应迅速把患者送往医院。

(2)药物治疗:目前,国内外对于癫痫的治疗主要以药物治疗为主。癫痫患者经过正规的抗癫痫药物治疗,约 70% 患者的发作是可以得到控制的,其中 50%～60% 的患者经过 2～5 年的治疗是可以痊愈的,患者可以像正常人一样地工作和生活。因此,合理、正规的抗癫痫药物治疗是关键。

常用药物:苯妥英钠片 0.1～0.15g,2 /d;儿童剂量 5～7mg/(kg·d);苯巴比妥片 0.03g,1～3 /d;扑米酮片 0.25～0.5g,3/d;卡马西平片 0.1g,3/d。

(3)手术治疗:经过正规抗癫痫药物治疗,仍有 20%～30% 患者为药物难治性癫痫,癫痫的外科手术治疗为这一部分患者提供了一种新的治疗手段。近年来癫痫外科实践表明,一些疾病或综合征手术治疗效果肯定,可积极争取手术。

(4)神经调控治疗:神经调控治疗是一项新的神经电生理技术,在国外神经调控治疗癫痫已经成为最有发展前景的治疗方法。目前包括重复经颅磁刺激术(rTMS),中枢神经系统电刺激(脑深部电刺激术、癫痫灶皮质刺激术等),周围神经刺激术(迷走神经刺激术)。

三十一、急性肾小球肾炎

1. 诊断要点

(1)通常于前驱感染后1～3周起病,常因链球菌感染致病。主要症状为血尿、蛋白尿、水肿和高血压,可伴有一过性肾功能损害,表现为轻度氮质血症伴尿量减少。多数有疲乏、厌食、恶心、呕吐、嗜睡、头晕、视物模糊及腰部钝痛等全身表现。

(2)辅助检查

1)尿常规:除血尿及蛋白尿外,尚可见红细胞管型、颗粒管型及少量肾小管上皮细胞及白细胞,无蜡样管型及宽大的透明管型。

2)免疫学检查:血沉常增快;血清补体C_3降低,多在病程6～8周恢复正常;70%～80%的患者有抗链球菌O抗体滴度增高。

3)B超检查:B超显示双肾增大或正常。

2. 鉴别诊断

(1)急进性肾炎:发病过程与本病相似,其突出点为中青年居多,早期出现少尿,甚至无尿,肾功能减退发展迅速,一般数周或数月出现肾功能不全进入尿毒症期。

(2)IgA肾病:以血尿为主要临床表现,潜伏期短,一般在感染后1～3日甚至24小时内就会出现肉眼血尿或镜下血尿,有反复发作史,血清IgA有一过性升高,补体C_3正常。也可以表现为隐匿性肾炎或大量蛋白尿的肾病综合征。不典型者需肾活检鉴别。

(3)其他:注意与系统性红斑狼疮肾炎、过敏性紫癜肾炎等相鉴别。

3. 治疗要点

(1)一般治疗:给予富含维生素的低盐饮食,严格卧床休息至肉眼血尿消失、水肿消退、血压恢复正常。

(2)药物治疗

1)控制感染:选用针对革兰阳性球菌的抗生素。

【处方1】 青霉素 160 万～480 万 U | 静脉滴注,2～3/d,
0.9%氯化钠 100ml

先皮试。

【处方2】 红霉素 0.9g | 静脉滴注,1/d。
5%葡萄糖注射液 500ml

2)利尿

【处方1】 呋塞米注射液 20～100mg,肌内注射。

【处方2】 丁尿胺注射液 1～3 mg,肌内注射(最大剂量 10mg/d)。

3)控制血压

【处方1】 硝苯地平片 10mg,口服,3/d。

【处方2】 伲福达片 20mg,口服,2/d。

(3)透析治疗。

三十二、急进性肾小球肾炎

急进性肾小球肾炎是以急性肾炎综合征、肾功能急剧恶化、早期出现少尿性急性肾衰竭为特征,病理呈新月体肾小球肾炎表现的一组疾病。

1. 诊断要点

(1)临床症状:起病急、病情急剧进展。主要表现为明显的水肿、蛋白尿、血尿、管型尿等,也常有高血压、低蛋白血症及迅速发展的贫血,肾功能呈进行性加重,多在发病数周或数月出现较重的肾功能损害。可伴有疲乏无力、全身关节肌肉疼痛、食欲不振、腹痛、发热、皮疹、出血点等。

(2)辅助检查:①尿常规。大量红细胞和红细胞管型及中等量蛋白尿。②血常规。可有中度贫血及血小板减少。③肾功能。内生肌酐清除率下降,血尿素氮、肌酐升高。④免疫学检查。Ⅰ型抗肾小球基膜抗体(GBM)阳性,Ⅱ型血循环免疫复合物阳性,Ⅲ型抗中性粒细胞胞浆抗体(ANCA)阳性。⑤B超。双肾体积增大。

2. 鉴别诊断　　主要是与急性肾小球肾炎的鉴别,急性肾小球肾炎多见于儿童及青年,有急性链球菌感染的病史,但病情无进行性加重,预后好。肾组织活检对二者鉴别很有帮助。急性肾小球肾炎的病理特征为毛细血管基底膜上皮侧有驼峰状电子致密物沉积,而急进性肾小球肾炎病理特点为肾小球囊壁层上皮细胞严重增生,细胞间有纤维组织增生形成"新月体"。

3. 治疗要点

(1)一般治疗:卧床休息,给予高热能、高维生素饮食,蛋白入量依据肾功能情况而定。

(2)强化疗法

1)强化血浆置换:每次2~4L,每日或隔日1次,置换10次左右。

2)甲泼尼龙冲击伴环磷酰胺治疗

【处方1】 甲泼尼龙注射液 0.5～1g
5％葡萄糖注射液 100ml 静脉滴注（连用 3 天或隔日 1 次,3 次为 1 个疗程,可用 2～3 个疗程）。

【处方2】 环磷酰胺注射液 0.2～0.4g,静脉注射,隔日 1 次（总量＜150mg/kg）。

【处方3】 泼尼松注射液 1～1.5mg/kg,每日顿服,连服 6～8 周后缓慢减量。

（3）透析治疗。

三十三、急性肾衰竭

急性肾衰竭（ARF）是指在原发病的基础上,肾脏功能迅速下降,血尿素氮、肌酐、血钾升高,肌酐清除率下降超过正常的 50％,导致水、电解质、酸碱平衡失调的临床综合征。

1. 诊断要点

（1）少尿型

1）初期:此期较难辨认,常被原发病的临床表现所掩盖。此期若及时发现及治疗,可能防止其发展。

2）少尿期:一般持续 7～14 日,尿量明显减少在 400ml/d 以下,少于 100ml/d 者称为无尿。少尿引起代谢产物蓄积,使机体产生如下变化:①水钠潴留。表现为体重增加、全身水肿、胸腔积液、腹水、肺水肿、脑水肿等。②电解质紊乱。表现为"三高三低",即高钾、高磷、高镁和低钙、低钠、低氯,并出现相应临床表现。例如,高钾血症,可出现肌无力、各种类型的心律失常,严重者可发生猝死。血钙降低可引起手足搐搦。③代谢性酸中毒。表现为萎靡、嗜睡、呼吸深大,甚至昏迷。

④感染。可发生于任何部位,但以呼吸道及尿路感染居多。⑤各系统症状。消化系统症状出现最早,也最突出,如食欲不振、恶心、呕吐、腹痛、腹泻,严重者有消化道出血;循环系统可出现尿毒症性心包炎、心肌炎、心力衰竭、心律失常等;神经系统症状表现为性格改变、神志模糊、定向障碍、昏迷等;血液系统可有贫血、出血倾向。

3)多尿期:经过少尿期后,尿量逐渐增多,开始尿量>400ml/d,以后尿量每日可达几千毫升,持续1～3周。系统症状大多逐渐减轻,易出现各种感染并发症。

4)恢复期:肾功能逐渐恢复,肾小球滤过功能在3～12个月恢复正常。但肾小管功能恢复较慢,少数转为慢性肾衰竭。

(2)非少尿型:每日尿量正常或略减少,为600～800ml/24小时。以药物所致者多见,病情轻,并发症少,预后较好。

(3)辅助检查

1)血液检查:有轻、中度贫血;血肌酐、尿素氮进行性升高,血肌酐平均每日增加44.2～88.4μmol/L,尿素氮每日升高3.6～10.7mmol/L,多数在21.4～35.7mol/L。

2)尿常规:尿比重固定在1.010～1.014,可见红细胞和蛋白、肾小管上皮细胞、上皮细胞管型和各种颗粒细胞。

3)影像学检查:B超、X线、CT、肾逆行造影剂反射性核素扫描等。

4)肾活检。

2. 鉴别诊断

(1)与肾前性少尿相鉴别:肾前性少尿患者可试用输液5％葡萄糖注射液200～250ml和注射呋塞米40～80mg,补充血容量后血压恢复正常,尿量增加。血浆尿素氮与肌酐的比

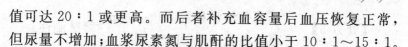

值可达 20：1 或更高。而后者补充血容量后血压恢复正常，但尿量不增加；血浆尿素氮与肌酐的比值小于 10：1～15：1。

（2）与肾后性少尿相鉴别：常由于尿路梗阻引起。若为输尿管引起的梗阻，必须是两侧输尿管梗阻，才会发生少尿或无尿。双侧肾脏疾病引起少尿伴大量血尿，因血在肾小管内形成血栓，而发生无尿、少尿，多有肾绞痛，B超可发现肾盂积水及输尿管阻塞。

3. 治疗要点

（1）初期治疗

1）病因治疗：纠正休克、血容量不足，控制感染，停用肾毒性药物。

2）利尿药：呋塞米注射液 40～200mg，静脉滴注，可连续用 2～3d。

3）血管扩张药：如血压正常，血容量得到补充，可试用血管扩张药，如氨茶碱、多巴胺、钙离子拮抗药等。

（2）少尿期治疗

1）饮食：应给予高热能、高维生素、低蛋白质饮食。对于不能口服的患者，可采用鼻饲和胃肠道外营养疗法。

2）控制水钠摄入：应按照"量出为入"的原则补充入液量。

3）纠正电解质失衡

①高钾血症

【处方 1】 $\left.\begin{array}{l}\text{10\%葡萄糖酸钙注射液 10ml} \\ \text{0.9\%氯化钠 10ml}\end{array}\right\}$ 静脉注射（2～5分钟内）。

【处方 2】 5%碳酸氢钠注射液 100～200ml，静脉滴注。

【处方3】 50%葡萄糖注射液 50～100ml
普通胰岛素 6～12U ｝静脉滴注。

【处方4】 呋塞米注射液 40～60mg
0.9%氯化钠 10ml ｝静脉推注。

②低钠血症。一般仅需控制水分摄入即可。如出现定向力障碍、抽搐、昏迷等水中毒症状,则需给予高渗盐水滴注或透析治疗。

③低钙血症。可临时给予静脉补钙,中重度高磷血症可服用氢氧化铝,减少磷的吸收。

4)纠正代谢性酸中毒:5%碳酸氢钠注射液 100～200ml,静脉滴注,监测血气分析。

5)血液净化治疗:对于非手术治疗无效的进行性血尿素氮、肌酐升高(血尿素氮＞21.4mmol/L 或肌酐＞442μmol/L)、严重高钾血症、严重酸中毒、急性肺水肿等,可给予血液净化治疗。可选择血液透析、腹膜透析或持续性肾脏替代治疗。

(3)多尿期治疗:此期病情虽有好转,但仍不能忽略。需注意脱水、低钾血症和其他电解质紊乱,及时加以防治,尤其需注意预防感染。

(4)恢复期治疗:定期检查肾功能,避免使用对肾功能有损害的药物。

三十四、急性肝衰竭

急性肝衰竭(ALF)是指原来无肝疾病(主要是指肝硬化)的患者,由于肝细胞大量坏死或功能丧失发生急性严重肝功能不全,导致以肝性脑病和凝血功能障碍为主要特征的临床综合征。

1. 诊断要点

(1)临床表现

1)严重的消化道症状:如食欲减退、恶心呕吐、厌油、腹胀、腹水,黄疸进行性加重加深,每天血清胆红素升高17.1μmol/L。

2)肝性脑病与脑水肿:肝性脑病是毒性物质在中枢神经系统内潴积引起脑功能改变,是 ALF 引起肝外器官衰竭的首见脏器,并以此作为 ALF 的特征性表现与诊断的必备条件。

3)凝血功能障碍:主要表现为皮肤紫癜、牙龈出血、自发性出血,少数可出现上消化道出血及颅内出血。

4)感染:主要感染部位为呼吸系统及泌尿系统,其次为胆道、肠道等,最严重的感染为脓毒症与自发性腹膜炎。

5)代谢紊乱:可出现低血糖,水、电解质代谢紊乱及酸碱平衡失调。

6)其他:可出现低血压、心律失常、肺功能不全、肺水肿及肾衰竭。

(2)辅助检查

1)凝血酶原:凝血酶原时间(PT)明显延长;当凝血酶原活动度(PTA)≤40%,常提示肝细胞有大片坏死;凝血因子合成减少。

2)胆碱酯酶:胆碱酯酶明显降低,肝细胞的严重损害可引起该酶的合成减少。

3)胆-酶分离现象:在肝衰竭时胆红素进行性升高,而谷丙转氨酶达到一定高峰后逐渐下降,但病情反而严重,这一现象是肝衰竭预后不良的标志。

4)氨基酸测定:氨基酸代谢紊乱,使支/芳比值降低,如该比值<1可诱发肝性脑病。

5)其他:如血氨升高,血清胆固醇降低。

(3)根据中华医学会感染病学会和肝病学会2006年制定的肝衰竭诊疗指南,ALF的临床诊断标准为急性起病,2周内出现Ⅱ度及以上肝性脑病(按Ⅳ度分类法划分)并有以下表现者:①极度乏力,并有明显厌食、腹胀、恶心、呕吐等严重消化道症状。②短期内黄疸进行性加深。③出血倾向明显,凝血酶原活动度(PTA)≤40%且排除其他原因。④肝进行性缩小。

2. 治疗要点

(1)急症监护:密切监测生命体征,保证每日给予足够的热量,蛋白质慎用以免加重肝性脑病。维持酸碱平衡和纠正电解质紊乱。

(2)保护肝细胞:输注白蛋白或新鲜血浆可加速肝细胞再生改善肝功能。肝细胞保护药如1,6-二磷酸果糖有保护肝细胞作用。肝细胞生长素能刺激肝细胞DNA的合成,促进肝细胞再生,对肝损害有一定修复作用。

(3)病因治疗:①控制严重感染和(或)清除感染原发病灶和坏死组织。对于严重感染引起的肝功能障碍,应积极清除引起高代谢状态和全身炎症反应综合征(SIRS)的病灶,早期引流和选择相应的抗生素是最基本的治疗。②对于药物性肝衰竭,应首先停用可能导致肝损害的药物;对乙酰氨基酚中毒所致者给予N-乙酰半胱氨酸(NAC)治疗,最好在肝衰竭出现前即用口服药用炭加NAC静脉滴注。③对毒蕈中毒,根据临床经验可应用水飞蓟宾或青霉素G。④对HBV-DNA阳性的肝衰竭患者,在知情同意的基础上,可尽早酌情使用核苷类似物如拉米夫定、阿德福韦酯、恩替卡韦等,但应注意后续治疗中病毒变异和停药后病情加重的可能。

(4)针对并发症的治疗

1)肝性脑病:去除诱因,如严重感染、出血及电解质紊乱等;限制蛋白质饮食;乳果糖口服或高位灌肠,可酸化肠道,促进氨的排出,减少肠源性毒素吸收;酌情使用鸟氨酸、门冬氨酸、支链氨基酸等。

2)脑水肿:给予脱水降颅压、利尿治疗。

3)感染:选用强效抗生素或联合应用抗生素,同时可加服微生态调节剂。

4)出血:对门静脉高压性出血者,可选用生长抑素类似物、垂体后叶素等,或用三腔管压迫止血,内镜下硬化剂注射治疗等。对弥散性血管内凝血者,可给予新鲜血浆、凝血酶原复合物和纤维蛋白原等补充凝血因子,血小板显著减少者可输注血小板,酌情给予小剂量低分子肝素或普通肝素等。

(5)其他:包括肝移植、人工肝支持治疗。

三十五、急性溶血性贫血

急性溶血性贫血是红细胞破坏过速而骨髓造血功能不足以代偿所引起的一类疾病。溶血危象较常见于在慢性遗传性溶血性贫血的过程中,红细胞的破坏突然增加,超出了骨髓造血代偿能力,而引起的严重贫血,多因急性感染后期亚急性感染、劳累、受凉等因素而诱发。

1. 诊断要点

(1)临床表现:急性起病,全身不适,寒战、高热、腰背疼痛、气促、乏力,有时伴有恶心、呕吐、腹痛、腹泻。同时出现贫血、黄疸、尿呈红色或酱油色。严重者可发生休克和急性肾衰竭等。

(2)辅助检查

1)血常规:红细胞及血红蛋白迅速减低,血红蛋白常低于60g/L。

2)血红蛋白血症:正常血浆只有微量的游离血红蛋白(1~10mg/L)。当大量溶血时,主要为急性血管内溶血时,可高达1g/L以上。

3)血生化:血清间接胆红素增高,尿胆原、粪胆原增多,血清铁增高。部分患者有肝功能异常。

4)血清结合珠蛋白降低:正常血清中含量为0.5~1.5g/L,急性溶血停止3~4d后血浆中结合珠蛋白才能恢复正常。

5)血红蛋白尿:一般血浆中游离血红蛋白量大于1 300mg/L时,临床出现血红蛋白尿,尿常规检查尿中无红细胞但隐血与尿蛋白阳性。

6)含铁血黄素尿:见于慢性血管内溶血。急性血管内溶血,必须几天后测定才为阳性,并可持续一段时间。

7)骨髓象:网织红细胞增生,一般可达0.05~0.2;骨髓幼红细胞显著增生,以中幼和晚幼细胞最多,形态多正常。

8)红细胞渗透性脆性增加,红细胞寿命缩短。

2. 鉴别诊断

(1)再生障碍性贫血:严重贫血,伴出血、感染和发热。血常规表现为全血细胞减少,网织红细胞绝对值明显降低。骨

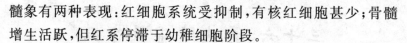

髓象有两种表现:红细胞系统受抑制,有核红细胞甚少;骨髓增生活跃,但红系停滞于幼稚细胞阶段。

(2)失血性、缺铁性或巨幼细胞贫血:恢复早期也可有贫血和网织红细胞增多。骨髓象检查有助于鉴别。

(3)其他:出现明显黄疸时,须与阻塞性黄疸、肝细胞性黄疸相鉴别。

3. 治疗要点

(1)一般治疗:卧床休息、及时去除诱发溶血的病因。

(2)药物治疗

1)促进利尿:可采用复合利尿药。

【处方1】
10%～25%葡萄糖注射液 250ml
普鲁卡因注射液 1g
氨茶碱注射液 0.25g
咖啡因注射液 0.25g
维生素C注射液 3.0g
静脉滴注。

【处方2】 呋塞米注射液 20～80mg,静脉注射。

【处方3】 利尿酸注射液 25～50mg,静脉注射。

2)糖皮质激素:地塞米松注射液 10～15mg/d,静脉输注,3～5d后改用泼尼松注射液 1mg/(kg·d),口服,7～10d病情改善,当血红蛋白接近正常时,每周渐减泼尼松用量 10～15mg,直至泼尼松 20 mg/d,定期查血红蛋白及网织红细胞计数 2～3 周,若稳定每周减泼尼松 2.5mg,至 5～10mg/d,或隔日应用泼尼松 10～20mg,总疗程治疗 6 个月。

3)免疫抑制药:常用环磷酰胺、环孢素和长春新碱等。

(3)输血:是纠正贫血、休克和缺氧状态的最好治疗方法。

(4)脾切除术:对遗传性球形红细胞增多症最有价值。

三十六、再生障碍性贫血

再生障碍性贫血是一组由于化学、物理、生物因素及不明原因引起的骨髓造血功能衰竭，以造血干细胞损伤，外周血全血细胞减少为特征的疾病。

1. 诊断要点

(1)临床表现：起病急，贫血进行性加重，伴有明显的乏力、头晕及心悸等；出血部位广泛，除皮肤、黏膜外，还有内脏出血，如便血、尿血、阴道出血，亦可发生眼底出血及颅内出血；易发生感染，如口腔、肺部感染，多为高热，持续而不易控制。发热、出血倾向及贫血为本病主要的临床症状。

(2)辅助检查：①血常规。全血细胞减少，三系减少程度不一定平行，网织红细胞计数降低明显。②骨髓象。骨髓增生极度低下，造血细胞几乎消失。偶见散在的少数形态正常的中幼、晚幼阶段的粒细胞系、红细胞系、巨核细胞罕见。淋巴细胞、浆细胞、组织细胞相对较多。

2. 鉴别诊断

(1)阵发性睡眠性血红蛋白尿(PNH)：酸溶血试验、糖水试验及尿含铁血黄素试验均为阳性。临床上常有反复发作的血红蛋白尿及黄疸、脾大。

(2)骨髓异常增生综合征(MDS)：血常规一项或两项减少，骨髓增生活跃，三系均有病态造血。

(3)恶性组织细胞病：多有高热、出血严重，晚期可有肝大、黄疸，骨髓中有异常组织细胞。

3. 治疗要点

(1)一般治疗:注意个人卫生,特别是皮肤和口腔卫生。

(2)药物治疗

1)免疫抑制药:常用的有抗胸腺细胞球蛋白(ATG)和抗淋巴细胞球蛋白(ALG)、环孢素 A 等。

2)造血细胞因子:如重组人促红细胞生成素(EPO),重组人集落刺激因子包括 G-CSF、GM-CSF 或 IL-3。

(3)对症治疗:包括成分输血、止血及控制感染。

(4)骨髓干细胞或骨髓移植:主要用于重型再障。

三十七、过敏性紫癜

过敏性紫癜为常见的血管变态反应性疾病,因机体对某些致敏物质发生变态,导致毛细血管脆性及通透性增加,血液外渗,产生皮肤紫癜,黏膜及某些器官出血,可同时出现皮肤水肿、荨麻疹等其他过敏表现。根据临床表现可分为单纯型、腹型、关节型、肾型及混合型。

1. 诊断要点

(1)发病前 1～3 周可有低热、咽痛或上呼吸道感染史,典型临床表现为皮肤紫癜,可伴腹痛、关节肿痛和(或)血尿。

1)单纯型:最常见。表现为皮肤紫癜,常成批、对称分布,反复发生,主要局限于四肢,尤其下肢及臀部,躯干极少受累。

2)腹型:腹痛最为明显,常为阵发性绞痛,多位于脐周、下腹或全腹,发作时腹肌紧张及明显压痛,伴恶心、呕吐、腹泻及黏液便、血便等。

3)关节型:关节肿胀、疼痛、压痛及功能障碍,多发生于

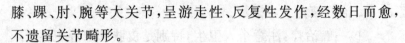

膝、踝、肘、腕等大关节,呈游走性、反复性发作,经数日而愈,不遗留关节畸形。

4)肾型:最为严重,出现蛋白尿、血尿及管型尿,重者可有肾病综合征或肾炎综合征表现。

5)混合型:皮肤紫癜合并其他临床表现。

(2)辅助检查

1)一般检查:轻症者红细胞及血红蛋白正常,重症者伴轻度贫血,白细胞正常或轻度增高,嗜酸性粒细胞常增多,血小板计数、功能及凝血检查多正常。尿常规可见血尿、蛋白尿、管型尿。便常规检查可见隐血试验阳性。

2)毛细血管脆性试验:50%以上阳性。

3)免疫学试验:抗"O"抗体增高,70%以上患者血沉增快。

2. 鉴别诊断

(1)特发性血小板减少性紫癜:根据皮肤紫癜的形态不高出皮肤,分布不对称及血小板计数减少,不难鉴别。过敏性紫癜皮疹如伴有血管神经性水肿,荨麻疹或多形性红斑更易区分。

(2)风湿性关节炎:二者均可有关节肿痛及低热,紫癜出现前较难鉴别,随着病情的发展,皮肤出现紫癜,则有助于鉴别。

(3)其他:还应与类风湿关节炎、系统性红斑狼疮、肾小球肾炎、外科急腹症等相鉴别。

3. 治疗要点

(1)一般治疗:防治感染,避免可能致敏的食物及药物等。

(2)药物治疗

1)抗过敏治疗

【处方1】 异丙嗪注射液 25～50mg,肌内注射,1～2/d。

【处方2】 氯苯那敏片 4mg,口服,3/d。

【处方3】 10%葡萄糖酸钙液 10ml | 缓慢静脉注射,1～
25%葡萄糖注射液 20ml | 2/d。

2)糖皮质激素

【处方1】 泼尼松片 0.5～1mg/(kg·d),口服,疗程 2～3 周。

【处方2】 氢化可的松注射液 200～300mg/d,静脉滴注,用 3～5d。

3)免疫抑制药

【处方1】 环磷酰胺片 50～100mg/d,口服,维持 4～6 周。

【处方2】 硫唑嘌呤片 100～200mg/d,口服,3～6 周为 1 个疗程,之后,25～50mg/d,口服,维持 8～12 周。

【处方3】 环孢素 A 胶囊 250～500mg/d,口服,3～6 周为 1 个疗程,维持量 50～100mg/d,口服,持续半年以上。

三十八、特发性血小板减少性紫癜

特发性血小板减少性紫癜是血小板免疫性破坏,外周血中血小板减少引起的出血性疾病。广泛皮肤、黏膜或内脏出血,血小板减少,骨髓巨核细胞发育、成熟障碍,血小板生存时间缩短及抗血小板自身抗体出现是其主要特征。

1. 诊断要点

(1)病因及临床表现:多见于儿童,起病急,多在发病前1～2周有上呼吸道感染史,特别是病毒感染史。全身皮肤瘀点、紫癜、瘀斑,常有鼻出血、牙龈出血、损伤或注射部位渗血不止或形成大片瘀斑。严重者可出现呕血、便血,极少数患者可发生颅内出血。

(2)辅助检查

1)血常规:血小板计数减少,多在 20×10^9/L 以下。

2)骨髓象:巨核细胞增多或正常,有成熟障碍。

3)免疫学检查:血小板相关抗体可明显升高,血小板表面补体成分也有明显增高。

4)其他:90％以上患者血小板生存时间明显缩短。

2. 鉴别诊断

(1)慢性特发性血小板减少性紫癜:主要见于 40 岁以下青年女性。起病隐袭,一般无前驱症状,多为皮肤、黏膜出血及外伤后出血不止,严重的内脏出血少见,但常见月经过多,在部分患者为唯一的临床症状,长期月经过多可出现贫血。病程超过半年者,可有轻度脾大。血小板计数多在 50×10^9/L 左右。

(2)过敏性紫癜:发病前1～3周可有低热、咽痛或上呼吸道感染史,典型临床表现为皮肤紫癜(常成批、对称分布),可伴腹痛、关节肿痛和(或)血尿。血小板计数、功能及凝血检查多正常。

(3)其他:还应与急性再生障碍性贫血、白血病等相鉴别。

3. 治疗要点

(1)一般治疗:出血严重者应卧床休息,避免外伤,应用止血药。

（2）药物治疗

1）糖皮质激素

【处方1】 泼尼松片30～60mg/d,口服,有效后逐渐减量至5～10mg/d,持续治疗3～6个月。

【处方2】 甲泼尼龙注射液1g/d,静脉滴注,连用3d,然后改为泼尼松片口服。

2）免疫抑制药

【处方1】 长春新碱注射液1mg,静脉注射,1/周,4～6周为1个疗程。

【处方2】 环磷酰胺片50～100mg/d,口服,3～6周为1个疗程,维持4～6周。

【处方3】 环孢素胶囊250～500mg/d,口服,3～6周为1个疗程,维持量50～100mg/d,口服,持续半年以上。

3）丙种球蛋白200～400mg/kg,静脉滴注,4～5d为1个疗程,1个月后可重复。

（3）血小板悬液1 600～3 000ml,静脉输入（根据病情可重复使用）。

（4）血浆置换。

（5）脾切除:适用于激素治疗无效者、有激素使用禁忌证者或需服较大剂量激素维持治疗者。

三十九、弥散性血管内凝血

弥散性血管内凝血（DIC）是由于致病因素诱发产生促凝物质,导致全身微血栓形成,凝血因子大量消耗并继发纤溶亢进,引起全身出血及微循环衰竭的临床病理综合征。

1. 诊断要点

(1)病因:存在易引起 DIC 的基础疾病,如感染性疾病、恶性肿瘤、手术及创伤等。

(2)临床表现

1)出血:为自发性、多发性出血,部位广泛。

2)休克:表现为血压下降、肢体湿冷、少尿、呼吸困难、发绀及神志改变等。

3)微血栓所致的多脏器衰竭:表现为皮肤出现坏死性瘀斑、急性肾衰竭、ARDS、肝衰竭、意识障碍、颅内高压综合征等。

4)溶血:血流通过小血管时红细胞受损,发生微血管病性溶血。

(3)辅助检查:①血小板计数<100×10⁹/L 或进行性下降。②凝血酶原时间缩短或延长 3 秒以上(肝病患者延长 5 秒以上),或部分凝血活酶时间缩短或延长 10 秒以上。③鱼精蛋白副凝(3P)实验阳性,优球蛋白溶解时间缩短,纤维蛋白原半定量或定量降低,纤维蛋白降解产物增多。

2. 鉴别诊断

(1)血栓性血小板减少性紫癜:主要表现为微血管性溶血性贫血,血小板减少性出血,多有精神异常、肾脏损害表现。实验室检查:破碎红细胞>2%,PT 正常,AT-Ⅲ正常,3P 试验阴性。

(2)原发性纤维蛋白溶解亢进症:一般无凝血功能亢进,因此除纤维蛋白原以外的凝血因子和血小板数量应正常,无进行性下降趋势。无纤维蛋白单体形成,D-二聚体水平正常。

(3)其他:还须与重症肝炎、原发性抗磷脂综合征等相鉴别。

3. 治疗要点

(1)治疗原发病及消除诱因:如控制感染,治疗肿瘤,产科及外伤处理,改善缺氧、缺血及酸中毒等。

(2)抗凝治疗

1)肝素治疗

【处方1】 肝素钠注射液10 000～30 000U/d,静脉滴注,每6小时用量不超过50 000U,可连续使用3～5d。

【处方2】 低分子肝素注射液75～150U/(kg·d),1次或分2次皮下注射,连用3～5d。

2)抗凝血酶(AT)治疗:DIC时用量为首剂40～80U/(kg·d),静脉注射,以后逐日递减,以维持AT-Ⅲ活性至80%～160%为度,疗程5～7d。

3)活化蛋白C(APC):用于DIC早、中期、严重脓毒血症等。活化蛋白C12～18μg/(kg·h),持续静脉滴注4d。

4)水蛭素注射液0.005mg/(kg·h),持续静脉滴注,疗程为4～8d。

5)其他抗凝药

【处方1】 DX90650为特异性因子Xa抑制物,动物实验表明,对内毒素诱发DIC有防治作用。参考剂量10～100μg/kg,口服,2～3/d。

【处方2】 动物实验表明,单磷酸磷脂A(MLA),可显著降低内毒素诱发DIC的发生率及严重程度。参考剂量5mg/kg,静脉滴注,1～2/d。

【处方3】 甲磺酸卡耐司他(NM)为人工合成的蛋白酶

抑制剂,主要作用于外凝系统,降低Ⅷa活性介导因子Ⅹa活化。

【处方4】 复方丹参注射液 20～40ml
5%葡萄糖注射液 100～200ml
静脉滴注,2～4/d,疗程为3～5d。

(3)补充血小板及凝血因子:可酌情选用新鲜血浆、血小板悬液、纤维蛋白原等。

(4)纤溶抑制物:适应证:①DIC的病因及诱因已经去除或基本控制,已行有效抗凝治疗和补充血小板、凝血因子,出血仍难控制。②纤溶亢进为主型DIC。③DIC后期,纤溶亢进已成为DIC主要病理过程和再发性出血或出血加重的主要原因。④DIC时,纤溶实验指标证实有明显继发性纤溶亢进。主要制剂有氨基己酸、氨甲环酸、抑肽酶等。

(5)溶栓疗法:适应证:①血栓形成为主型DIC,经上述治疗未能有效纠正者。②DIC后期,凝血和纤溶过程已基本终止,而脏器功能恢复缓慢或欠佳者。③有明显血栓栓塞证据者。主要制剂有尿激酶、t-PA等。

(6)其他治疗

1)糖皮质激素:不做常规应用,但以下情况可短期应用:基础疾病需糖皮质激素治疗者;感染致中毒性休克并发DIC已经抗感染治疗者;并发肾上腺皮质功能不全者;血小板重度减少,出血症状严重者;DIC晚期以纤溶为主者。常用剂量:氢化可的松注射液 100～300mg/d,静脉滴注。

2)山莨菪碱治疗:山莨菪碱注射液有助于改善微循环及纠正休克,DIC早、中期可应用,每次200mg,2～3/d,静脉滴注。

第三章 常见外科急症

一、胃、十二指肠溃疡急性穿孔

1. 诊断要点

(1)病因及症状：多有溃疡病史(80％～90％)，主要表现为突然上腹部剧痛，迅速波及全腹，伴恶心呕吐，可出现休克症状。

(2)体征：全腹压痛、腹肌紧张或呈"板状腹"，肝浊音界缩小或消失，可有移动性浊音(腹腔积液超过 500ml)，肠鸣音减弱或消失。

(3)辅助检查

1)血常规检查白细胞计数及中性粒细胞明显升高。

2)X 线立位片可见膈下游离气体(约 25％溃疡穿孔患者无此表现)。

3)腹腔穿刺或腹腔冲洗可吸出胃、十二指肠内容物，穿孔时间长者，抽出液呈脓性混浊。

2. 鉴别诊断

(1)急性胰腺炎：尤其是重症胰腺炎症状重，亦有突然上腹痛，向后背部放射，有腹膜刺激征，早期即可出现休克。鉴别要点：①多无溃疡病史。②无气腹征。③血、尿淀粉酶可有明显增高。

（2）急性胆囊炎、胆石症：表现为右上腹剧痛，持续性、阵发性加重，可放射至右肩背部，伴有发热、黄疸等，右上腹压痛、反跳痛。B超检查有助于鉴别。

（3）其他：还应与急性心肌梗死、急性阑尾炎等相鉴别。

3. 治疗要点

（1）一般治疗：禁食，持续有效的胃肠减压，纠正水电解质平衡。

（2）药物治疗

1）解痉镇痛

【处方1】　山莨菪碱注射液10mg，肌内注射。

【处方2】　阿托品注射液0.5mg，肌内注射。

【处方3】　哌替啶注射液50mg，肌内注射。

2）维持水与电解质及酸碱平衡

【处方1】　乳酸钠林格注射液500ml，静脉滴注。

【处方2】　葡萄糖0.9％氯化钠500ml ╲ 静脉滴注。
　　　　　　10％氯化钾注射液10ml ╱

3）广谱抗生素

【处方1】　0.9％氯化钠100ml ╲ 静脉滴注，2～3/d。
　　　　　　头孢哌酮钠/舒巴坦钠2g ╱

【处方2】　严重者可选用泰能。

4）H_2受体拮抗药或质子泵抑制药

【处方1】　西咪替丁注射液0.2-0.4g，静脉注射，3-4/d。

【处方2】　奥美拉唑注射液40mg，静脉注射，2/d。

（3）手术治疗：不适于非手术治疗或经非手术治疗6～8小时后病情仍加重者，或出现休克，则应及时行手术处理。

二、急性出血性坏死性肠炎

1. 诊断要点

(1)病因及临床表现:好发于 5～14 岁儿童,发病前多有不洁饮食或暴饮暴食史。临床表现为突然腹痛、腹胀、腹泻、便血及呕吐,伴发热,或突然腹痛后出现休克症状。

(2)体征:腹部检查可见轻度或中等腹胀,有时可见肠型及肠蠕动波。左上腹、左中腹或脐周压痛明显。如出现明显的局部压痛、反跳痛与腹肌紧张,提示并发局限性腹膜炎。

(3)辅助检查

1)血常规:白细胞总数和中性粒细胞增多,核左移,有中毒性颗粒。

2)便常规:隐血试验阳性,镜检有大量红细胞,偶见脱落的肠黏膜。

3)腹部平片:可见局限性小肠积气和液平面。

2. 鉴别诊断

(1)中毒性痢疾:多发于夏秋两季,常见于 2～7 岁小儿。发病急骤,以高热,反复惊厥、昏迷或迅速出现休克、呼吸衰竭为主要临床表现。粪便检查开始可正常,以后出现脓血便,镜检可见大量脓细胞、红细胞及巨噬细胞。

(2)阿米巴肠病:是由致病性溶组织阿米巴原虫侵入结肠壁后所致的以痢疾症状为主的消化道传染病。病变多在结肠回盲部,易复发变为慢性。抗阿米巴治疗有效。

(3)其他:还应与急性克罗恩病、绞窄性肠梗阻、肠套叠等相鉴别。

3. 治疗要点

(1)一般治疗:卧床休息,禁食,补液,纠正水、电解质紊乱。

(2)药物治疗

1)抗生素的应用

【处方1】 氨苄西林 2g,静脉滴注,1/8 小时。

【处方2】 哌拉西林(氧哌嗪青霉素)1～4g,静脉滴注,1/6 小时。

【处方3】 头孢哌酮/舒巴坦钠 1～2g,静脉滴注,1/8 小时。

【处方4】 左氧氟沙星注射液 0.2g,静脉滴注,1/12 小时。

【处方5】 甲硝唑注射液 0.5g,静脉滴注,1/8 小时。

2)补液治疗:每日 3 000ml 左右。

【处方1】
$$\left.\begin{array}{l}\text{葡萄糖 0.9\%氯化钠 500ml} \\ \text{维生素 C 注射液 3g} \\ \text{10\%氯化钾注射液 10ml}\end{array}\right\}\text{静脉滴注。}$$

【处方2】 低分子右旋糖酐注射液 500ml,静脉滴注。

3)糖皮质激素的应用

【处方1】
$$\left.\begin{array}{l}\text{0.9\%氯化钠 100ml} \\ \text{琥珀酸氢化可的松注射液 100mg}\end{array}\right\}\text{静脉滴注,}$$
2/d。

【处方2】
$$\left.\begin{array}{l}\text{0.9\%氯化钠 100ml} \\ \text{地塞米松注射液 10mg}\end{array}\right\}\text{静脉滴注,2/d。}$$

4)镇静镇痛

【处方1】 腹痛可给予解痉药,如盐酸消旋山莨菪碱注射液 10mg,肌内注射。

【处方2】 严重腹痛者可予以哌替啶注射液(度冷丁)100mg,肌内注射。

【处方3】 烦躁者可给予地西泮注射液10mg,肌内注射。

(3)手术适应证:①肠坏死。②肠穿孔。③反复大量出血经内科治疗无效。④肠梗阻不缓解。⑤难以排除需外科手术治疗的急腹症。

三、急性肠系膜上动脉栓塞

1. 诊断要点

(1)症状:主要表现为腹痛、恶心、呕吐、腹胀、便血。腹痛常突然发生,开始为脐周剧烈绞痛,用镇痛药物不能缓解,继而发展为持续性疼痛,阵发性加重,腹膜受累后,疼痛可波及全腹。

(2)体征:发病早期,腹痛剧烈但腹部多无明显的体征,肠鸣音可有轻度亢进。随着病情进展,腹胀逐渐加重,腹肌紧张并有压痛、反跳痛,肠鸣音减弱或消失。

(3)辅助检查

1)血常规:当发生肠坏死时,可有白细胞升高。

2)便常规:粪便可呈血性或隐血试验阳性。

3)血生化:如发生肠坏死,血中无机磷、肌酸磷酸激酶、碱性磷酸酶升高。

4)B超:可发现肠腔扩张,肠壁增厚,黏膜皱襞增粗。后期可发现腹腔中游离气体。在超声指引下行腹腔穿刺,抽出血性暗红色液体,对诊断肠壁坏死有指导意义。

5)X线检查:早期无异常发现,之后可出现肠梗阻征象。扩张的肠管因积液、积气而出现液平段。若有肠穿孔,可出现膈下游离气体。

6)肠系膜上动脉血管造影:对诊断意义较大。

2. 鉴别诊断

(1)消化性溃疡穿孔:患者多有溃疡病史,腹部检查有明显的腹膜刺激征,板状腹,肠鸣音减弱或消失,肝浊音界消失。

(2)急性胰腺炎:常有暴饮暴食史,主要表现为突然发生的上腹或左上腹持续性剧痛,呈刀割样,阵发性加剧。血及尿淀粉酶升高,B超检查可发现肿大的胰腺。

(3)胆石症和急性胆囊炎:疼痛多位于右上腹,可伴右肩背部放射痛,恶心、呕吐等。右上腹压痛,肌紧张及反跳痛,Murphy征阳性。有时可触及肿大的胆囊或炎性肿块。超声及胆道造影可明确诊断。

3. 治疗要点

(1)一般治疗:禁食、补液、胃肠减压、防治感染。

(2)药物治疗

【处方1】 低分子右旋糖酐注射液 500ml,静脉滴注,1/d。

【处方2】 罂粟碱注射液 120mg | 静脉滴注,1/d。
5%葡萄糖注射液 500ml |

【处方3】 头孢哌酮/舒巴坦钠 1～2g,静脉滴注,1/8 小时。

(3)手术治疗:一旦确诊应立即手术。肠系膜上动脉栓塞可行取栓术。血栓形成可行血栓内膜切除或肠系膜上动脉-腹主动脉"搭桥术"。

四、急性胰腺炎

1. 诊断要点

（1）病因及临床表现：发病前常有饱餐、饮酒、胆石症或急性胆囊炎发作史。临床表现为突然发生的上腹或左上腹持续性剧痛，呈刀割样，阵发性加剧。腹痛可向左侧背部放射，取弯腰蜷腿体位可减轻疼痛。腹痛通常持续 48 小时，偶尔可超过 1 周。常合并恶心、呕吐、腹胀和发热，如有胆道感染、胆石症引起胆总管梗阻或肿大胰头、胰腺脓肿压迫胆总管等出现黄疸。重症患者可出现低血压或休克。

轻型患者主要有腹部深压痛，与自觉症状不成比例。重症急性胰腺炎可出现肌紧张、压痛、反跳痛的腹膜刺激征，肠鸣音减轻或消失，多数患者有持续 24～96 小时的假性肠梗阻。重症患者腰腹部皮下脐周出现瘀血斑等出血表现。

（2）辅助检查：血常规多有白细胞升高及中性粒细胞核左移。血清淀粉酶在起病后 6～12 小时开始升高，48 小时开始下降，可持续 3～5 日。血清淀粉酶超过正常值 3 倍即可确诊为本病。尿淀粉酶升高较晚，在发病后 12～14 小时开始升高，持续 1～2 周。血钙值明显下降时提示胰腺有广泛脂肪坏死，血钙＜1.75mmol/L（7mg/dl）提示预后不良。B 超可用于有无胆管结石和胰腺水肿、坏死的判断。

2. 鉴别诊断

（1）胆石症和急性胆囊炎：疼痛多位于右上腹，可伴右肩背部放射痛，恶心、呕吐等，血、尿淀粉酶正常或轻度升高，超声及胆道造影可明确诊断。

（2）急性胃肠炎：发病前常有不洁饮食史，主要表现为腹痛、呕吐及腹泻等，可伴有肠鸣音亢进，血、尿淀粉酶正常。

（3）其他：还应与消化性溃疡穿孔、急性肠梗阻、急性心肌梗死等相鉴别。

3. 治疗要点

（1）一般治疗：注意生命体征，禁食及胃肠减压，维持水、电解质平衡，补充血容量。

（2）药物治疗

1）H_2 受体拮抗药及质子泵抑制药

【处方 1】 西咪替丁注射液 0.2g ｜ 静脉滴注，1/6 小
         5％葡萄糖注射液 250ml ｜
时。

【处方 2】 法莫替丁注射液 40mg，静脉注射，2/d。

【处方 3】 奥美拉唑注射液（洛赛克）40mg ｜ 静脉滴注，
         0.9％氯化钠 100ml ｜
2/d。

2）生长抑素及其类似物

【处方 1】 奥曲肽注射液（善得定）0.1mg，1/8 小时皮下注射；或奥曲肽注射液首剂 100μg 静脉注射，继以 25～50μg/h 持续静脉滴注，连续 36～48 小时。

【处方 2】 生长抑素注射液（施他宁）首剂 250μg 静脉注射，继以 250μg/h 持续静脉滴注，连续 36～48 小时。

3）抑酶制剂

【处方 1】 抑肽酶的参考剂量：第一天 5 万 U/h，总量 10 万～25 万 U，随后 1 万～2 万 U/h，疗程为 1～2 周。

【处方 2】 加贝酯 100mg 干冻粉溶于 5ml 注射用水中，

再加入5%葡萄糖500ml内,缓慢静脉滴注,1/d,逐渐增加剂量至每日1000mg,连用1周。

4)解痉镇痛

【处方1】 山莨菪碱注射液(654-2)10mg,肌内注射。

【处方2】 哌替啶注射液50mg,肌内注射。

【处方3】 强痛定注射液100mg,肌内注射。

5)抗生素的应用

【处方1】 左氧氟沙星注射液0.2g 甲硝唑注射液0.5g $\Big|$ 静脉滴注,2/d(轻症患者)。

【处方2】 生理盐水100ml 哌拉西林2g/静脉滴注1/6h 甲硝唑注射液0.5 静脉滴注2/d $\Big|$ (轻中度患者)。

【处方3】 头孢哌酮/舒巴坦1～2g,静脉滴注1/8h(中度、重度并有胆道感染的患者)。

【处方4】 泰能1～1.5g,静脉滴注,2/d,先皮试(严重患者)。

6)中药:生大黄25～30g/d,用水煎20～30分钟,浓缩至200ml,去渣分2次服用。

(3)手术治疗:适应证:①诊断未明确与其他急腹症难以鉴别时。②出血坏死型胰腺炎经内科治疗无效。③并发脓肿、假囊肿、弥漫性腹膜炎、肠麻痹坏死。④胆源性胰腺炎处于应激状态,需手术解除梗阻。

五、急性胆囊炎

1. 诊断要点

（1）症状：多有胆囊结石、胆道蛔虫或驱虫史，进食高脂食物常为诱因。主要表现为右上腹绞痛或钝痛，一般为持续痛，可有阵发性加剧，向右肩背部放射，伴恶心、呕吐、发热、畏寒、黄疸等。黄疸仅在部分患者出现，提示炎症波及胆总管或胆总管有结石。坏疽、穿孔性胆囊炎可致弥漫性腹膜炎，全身中毒症状或出现休克。

（2）体征：右上腹压痛，肌紧张及反跳痛。Murphy 征阳性。有时可触及肿大的胆囊或炎性肿块。

（3）辅助检查

1）血常规：白细胞计数及嗜中性粒细胞明显增高，在 $(15\sim20)\times10^9/L$。

2）血生化：胆红素升高。转氨酶、转肽酶、碱性磷酸酶均可升高。

3）B超检查：B超显示胆囊肿大，壁增厚，内膜毛糙，胆囊内结石影等。

2. 鉴别诊断

（1）急性胃炎：恶心、呕吐明显，常有饮食不洁或受凉史，病程短，病史对鉴别极其重要。

（2）消化性溃疡：一般无放射痛，Murphy 征阴性，上消化道钡餐或胃镜检查有助于鉴别。

（3）其他：还应与急性肠梗阻、急性阑尾炎等鉴别。

3. 治疗要点

(1)一般治疗:禁食,胃肠减压,纠正水、电解质及酸碱平衡失调。

(2)药物治疗

1)解痉镇痛

【处方1】 山莨菪碱注射液(654-2)10～20mg,肌内注射。

【处方2】 阿托品注射液 0.5mg,肌内注射。

【处方3】 哌替啶注射液 50mg,肌内注射。

2)抗生素治疗

【处方1】 氨苄西林 3g,静脉滴注,1/(6～8)h。

【处方2】 头孢唑林钠 2g,静脉滴注,1/(6～8)h。

【处方3】 头孢呋辛(西力欣)或头孢他啶 1～2g,静脉滴注,2～3/d。

【处方4】 头孢曲松(菌必治)1～2g,静脉滴注,2～3/d。

(3)手术治疗:适宜于①经内科治疗 24～48 小时无效。②伴有胆囊炎合并结石者。③有胆囊坏疽,有穿孔症候者。④伴有急性胰腺炎者。

六、急性梗阻性化脓性胆管炎

1. 诊断要点

(1)症状:有胆石病史,胆管蛔虫病史或上腹部手术史。主要表现为突发的右上腹或剑突下剧痛伴有恶心、呕吐、寒战高热、黄疸。本病发病急剧,进展迅速,病情较重,常并发感染性休克和脑病。

(2)体征:可有右上腹肌紧张、明显压痛及反跳痛。

（3）检查：①血常规。白细胞计数可达$(20\sim30)\times10^9/L$以上并进行性升高，嗜中性粒细胞明显升高。②B超检查示肝内外胆管扩张，有结石或肿块阴影。③经内镜逆行胰胆管造影术（ERCP）、经皮肝穿刺胆管造影（PTC）、磁共振胰胆管成像（MRCP）等均有助于诊断。

对本病的诊断主要是在腹痛、寒战高热、黄疸（Charot 三联症）的基础上加上休克、精神症状（Reynold 五联征）即可确诊。

2. 鉴别诊断

（1）急性胆囊炎：两者可合并存在，临床上只依据症状及体征鉴别两者比较困难，影像学检查对鉴别意义较大。

（2）急性病毒性肝炎：多有与肝炎患者接触史或输血史，可有发热、肝区疼痛、黄疸。一般不会发生休克。B超检查有助于鉴别。

（3）其他：注意与消化性溃疡穿孔或出血、急性坏疽性阑尾炎、食管静脉曲张破裂出血、重症急性胰腺炎等鉴别。

3. 治疗要点

（1）一般治疗：禁食、纠正水电解质及酸碱平衡失调、早期足量应用抗生素。

（2）药物治疗

【处方1】
0.9%氯化钠 500ml
10%氯化钾注射液 10ml
维生素C注射液 3.0g
静脉滴注。

【处方2】
0.9%氯化钠 100ml
氢化可的松注射液 200mg
静脉滴注，2/d。

【处方3】 氨苄西林 2g，静脉滴注，1/4 小时，先皮试。
依替米星 0.1g，静脉滴注，1/12 小时。

【处方4】 头孢哌酮/舒巴坦钠 1～2g,静脉滴注,2～3/d,先皮试。

【处方5】 泰能 1～1.5g,静脉滴注,2～3/d,先皮试。

(3)急诊手术:目的是解除梗阻,通畅胆汁引流。手术时机应在出现腹痛、寒战高热、黄疸(三联征)加上休克、精神症状(五联症)即行急诊手术。

(4)内镜治疗:胆总管下端结石可在内镜下行十二指肠乳头切开取石,对年迈体弱不能耐受手术者亦可行鼻胆管引流术。

七、急性肠梗阻

1. 诊断要点

(1)症状:①腹痛。呈阵发性肠绞痛,绞窄时常为持续性腹痛,阵发性加剧。②恶心、呕吐。高位梗阻呕吐较早且频繁,低位梗阻出现较晚,呕吐物有粪臭味。③腹胀。低位肠梗阻显著,并可见肠型及蠕动波。④肛门停止排气、排便,部分高位梗阻仍有少量排气、排便。

(2)体征:高调肠鸣音或气过水声与腹痛加剧同时出现,可有局部压痛。出现绞窄性肠梗阻时,腹胀不对称,可触及压痛性包块,明显的腹膜刺激征,体温升高,白细胞计数升高。呕吐物、胃肠减压液或肛门排出物为血性。

(3)辅助检查

1)血常规:可有血液浓缩现象,若有中性粒细胞升高,表明有肠坏死的可能。

2)腹部X线立位片:可见气液平面,肠襻扩张,并可根据扩张肠襻的位置大致判断梗阻部位,了解有无孤立的扩张肠襻。

3）B超:可发现在梗阻的上端肠管扩张,管径增宽,因肠腔内有液体及气体积存,故在肠管内流动及反流活跃,并可形成多囊样改变。若发现有腹水,在B超指引下做腹腔穿刺,如抽出血性腹水,表明肠壁已坏死。

2. 鉴别诊断

（1）急性胃肠炎:主要表现为腹痛、腹泻、恶心、呕吐、便后腹痛减轻,腹部压痛范围广泛,无肌紧张。粪便检查有红细胞、脓细胞等。

（2）急性胰腺炎:表现为急性腹痛、发热、恶心、呕吐,重症可出现休克,水、电解质紊乱。化验检查血、尿淀粉酶升高。B超可见胰腺饱满弥漫性肿大,其轮廓及周围边界模糊不清,坏死区呈低回声或低密度图像。

（3）其他:还应与卵巢囊肿蒂扭转、输尿管结石等相鉴别。

3. 治疗要点

（1）非手术治疗

1）禁食、胃肠减压适用于任何肠梗阻。

2）补液,纠正水、电解质失衡及酸中毒。

3）应用广谱抗生素和甲硝唑静脉滴注。

4）从胃管注入中药制剂如复方大承气汤,甘遂通结汤等。也可注入植物油200ml或液状石蜡40～60ml,灌注后夹闭胃管2小时。

（2）手术治疗:适用于各种类型的绞窄性肠梗阻、肿瘤、先天性肠道畸形引起的肠梗阻,以及非手术治疗12～24小时无效者。

八、急性阑尾炎

急性阑尾炎是外科最常见的急腹症,多发生在年轻人,但任何年龄均可发病。急性阑尾炎分为单纯性阑尾炎、化脓性阑尾炎、坏疽性阑尾炎或阑尾穿孔,穿孔后可引起限局性或弥漫性腹膜炎或形成阑尾周围脓肿。

1. 诊断要点

(1)症状

1)转移性右下腹痛(70%~80%):为本病腹痛特点。一般开始是上腹部或脐周突然发生不严重的持续性疼痛,可阵发加重,1~12小时后转为右下腹固定部位的疼痛。单纯性阑尾炎常呈阵发性或持续性胀痛或钝痛,持续性剧痛提示为化脓性或坏疽性阑尾炎。

2)胃肠道症状:恶心、呕吐为仅次于腹痛的常见症状,部分患者有腹泻或便秘。

3)全身炎症反应:出现乏力、发热、心率增快等。

(2)体征:右下腹固定性压痛(麦氏点附近)或伴有腹膜刺激征是最主要的诊断依据。

(3)辅助检查

1)血常规:白细胞总数可升高至(10~20)×10^9/L,中性粒细胞80%以上。

2)B超检查:阑尾周围脓肿可探及炎症包块及液体回声区。

3)其他检查:①结肠充气试验也称Rovsing征。先以一手压住右下腹降结肠区,再用另一手反复按压其上端,患者诉右下腹痛为阳性,有诊断价值。②腰大肌试验。阳性者表示发炎阑尾位于盲肠后方。

2. 鉴别诊断

(1)消化性溃疡穿孔：有消化性溃疡病史，发病突然，腹痛为持续性剧烈疼痛，主要位于上腹部。体格检查时可见腹壁呈木板状，腹膜刺激征以剑突下最明显，腹部 X 线片可见膈下游离气体。

(2)右侧输卵管妊娠破裂：常有停经史，发病前可有阴道出血。表现为突然发生的剧烈腹痛、有肛门下坠感，阴道大量出血并可出现休克症状。妊娠试验阳性。

(3)其他：还须与急性胆囊炎、胆石症、右侧输尿管结石等相鉴别。

3. 治疗要点 治疗原则为如无手术禁忌证，原则上都应及早行阑尾切除术。

(1)非手术治疗：仅适于已发病 3～4 日，右下腹已有局限性包块且炎症无扩大趋势者或诊断不明确者。非手术疗法主要是抗感染治疗，目前多主张应用青霉素类、喹诺酮类或头孢菌素类抗生素加抗厌氧菌抗生素。病情严重者可选用新型广谱抗生素，如第三代头孢类抗生素，同时给予甲硝唑。非手术治疗期间应严密观察，若病情加重应及时手术。

(2)手术治疗：对固定的包块经非手术治疗后，包块逐渐增大，感染症状加重或已有脓肿形成则应手术。对阑尾周围脓肿，手术的目的是引流脓液，但亦可能出现肠瘘。待引流伤口完全愈合 2～3 个月后再行手术切除阑尾。

九、急性尿潴留

1. 诊断要点

(1)患者既往有前列腺增生及炎症、手术麻醉术后等病史。

(2)患者尿意紧迫而不能自行排出,下腹胀痛难忍。

(3)膀胱过度充盈致下腹呈球形隆起,触诊光滑、有弹性,叩诊呈浊音。

2. 治疗要点

(1)针刺关元、三阴交及足三里等穴位。

(2)局部热敷、热水坐浴,同时口服 1 片特拉唑嗪(高特灵),有时可排出尿(适于肛门疾病术后)。

(3)过度膨胀的膀胱则间断逐渐引流至排空,必要时留置导尿管。

(4)如导尿失败或有禁忌证,可采取耻骨联合上方 1.5cm 处用 20 号针头垂直穿刺或手术造口。引流尿液速度同导尿。

(5)抗感染可给予氟哌酸等抗感染药物。

(6)如老年前列腺增生,应根据病情治疗前列腺增生。

十、泌尿系结石

1. 诊断要点

(1)症状:有长期卧床、饮水少、活动少病史。肾及输尿管结石为腰腹部绞痛,放射至会阴及大腿内侧;膀胱及尿道结石呈会阴部疼痛,放射至龟头。患者表情痛苦,烦躁不安,多伴有胃肠道症状,如恶心、呕吐、腹胀等。末端输尿管结石还可引起尿频、尿急和尿痛。

(2)体征:常于患侧肾区有叩痛,有肾积水时可触及增大的肾脏。

(3)辅助检查

1)尿常规:可有肉眼或镜下血尿,合并感染时白细胞增多。

2)腹部 X 线平片:可确定有无结石、结石大小、数目及部位等。

3)B 超:患肾可见不同程度的积水,结石停留部位可见强光团。

4)其他:静脉或逆行尿路造影、膀胱镜等检查有助于确诊。

2. 鉴别诊断

(1)急性阑尾炎:阑尾炎患者常有腹肌紧张及反跳痛。右侧输尿管结石引起的右下腹绞痛剧烈,尽管病变区有深压痛但腹肌紧张及反跳痛不会出现,应注意鉴别。

(2)急性肾盂肾炎:起病急,除尿路刺激征外,还伴有发热、头痛、全身酸痛、恶心、呕吐等全身症状,局部症状有腰痛、肾区叩痛、肋脊角有压痛。尿常规及病原微生物检查有助于鉴别。

(3)其他:还应注意与急性胆囊炎、急性肠梗阻、泌尿系肿瘤等相鉴别。

3. 治疗要点

(1)一般治疗:大量饮水(2 000ml 以上),适当运动,促进排石。横径<0.6cm 光滑结石,多可排出。

(2)药物治疗

1)镇痛

【处方1】 哌替啶注射液(度冷丁)50～100mg,肌内注射。

【处方2】 吗啡注射液 5～10mg,肌内注射。

2)解痉

【处方1】 阿托品注射液 0.5mg,肌内注射。

【处方2】 山莨菪碱注射液 10mg,肌内注射。

3)抗感染

【处方1】 诺氟沙星胶囊 0.3g,口服,2～3/d。

【处方2】 左氧氟沙星注射液 0.2g,静脉滴注,2/d。

(3)其他:包括体外冲击波碎石、手术切开取石等治疗。

十一、急性泌尿系感染

1. 诊断要点

(1)临床表现

1)急性膀胱炎:尿频、尿急、尿痛等尿路刺激征,全身症状不明显。部分伴有脓尿或血尿。膀胱区有压痛。中段尿检查有大量红、白细胞和脓细胞,培养有致病菌生长。

2)急性肾盂肾炎:起病急,除尿路刺激征外,还可有发热、头痛、全身酸痛、恶心、呕吐等全身症状。局部症状有腰痛、肾区叩痛、肋脊角有压痛。

(2)诊断标准:①正规清洁中段尿(尿停留于膀胱 4～6 小时以上)细菌定量培养,菌落数＞105 个/ml(如为球菌,＞200个/ml)。②清洁离心中段尿沉渣白细胞数＞10 个/高倍视野,有尿路感染症状。具备以上两项可确诊。如无前两项,则应再做尿菌计数复查,如仍＞105 个/ml,且两次的细菌相同者,可以确诊。③做膀胱穿刺尿培养,细菌阳性(不论菌数多少),亦可确诊。④做尿菌培养计数有困难者,可用治疗前清晨清洁中段尿(尿停留于膀胱4～6小时以上)正规方法的离心尿沉渣革兰染色找细菌,如细菌＞1个/油镜视野,结合临床尿感症状,亦可确诊。⑤尿细菌数在104～105个/ml者,应复查,如仍为104～105个/ml,需结合临床表现来诊断或做膀胱穿刺尿培养来确诊。

2. 鉴别诊断

(1)肾结核:其尿频、尿急、尿痛症状更为突出。一般抗菌治疗无效,晨尿培养结核杆菌阳性,尿沉渣可找到抗酸杆菌,而普通细菌培养为阴性。结核菌素试验阳性。X线静脉肾盂造影显示肾结核特征像。

(2)阴道炎:阴道炎可有轻度尿路症状,须与膀胱炎相鉴别,若患者伴有阴道分泌物增多,有臭味、外阴瘙痒、性交困难,阴道炎的可能性大,应行妇科检查确诊。

(3)非感染性尿路综合征:患者有明显的排尿困难、尿频,但无发热、白细胞增高等全身症状,尿常规及病原微生物检查均阴性。此种患者常易被误诊为泌尿系感染而长期误服抗菌药物。本综合征病因不明,有学者认为与尿路局部损伤、刺激有关,大部分人则为心理因素所致。

3. 治疗要点

(1)一般治疗:卧床休息,多饮水,勤排尿。

(2)药物治疗:主要是抗感染治疗,一般首选对革兰阴性杆菌有效的抗生素,如喹诺酮类。症状性尿路感染一般疗程为10～14日,或用药至症状完全消失、尿检阴性后再继续用药3～5日。停药后6周内尿培养3次,若均阴性,可认为临床治愈。

1)急性膀胱炎(疗程一般为 3 日)

【处方 1】 诺氟沙星胶囊 0.3g,口服,2/d。

【处方 2】 复方磺胺甲噁唑片 1g,口服,2/d。

【处方 3】 阿莫西林胶囊 0.5g,口服,3/d。

2)急性肾盂肾炎(疗程 14d)

【处方 1】 头孢克洛片 0.5g,口服,3/d。

【处方 2】 0.9％氯化钠 100ml | 静脉滴注,1/8 小时,先
头孢唑林钠 0.5g |
皮试。

【处方 3】 左氧氟沙星注射液 0.2g,静脉滴注,2/d。

【处方 4】 0.9％氯化钠 100ml | 静脉滴注,1/d,先皮试。
头孢曲松钠 2g |

十二、丹 毒

丹毒由乙型溶血性链球菌感染引起的皮肤和皮下组织内
的淋巴管及周围软组织的急性炎症。

1. 诊断要点

(1)足癣、趾甲真菌病、小腿溃疡、慢性湿疹均可诱发本
病。

(2)起病急,皮损出现前常有畏寒、发热等全身不适,体温
可达 38℃～40℃不等,患者皮肤表现为片状红疹,迅速向周围
蔓延而成为大片猩红色的损害,边界清楚,压之褪色并自觉灼
痛。局部淋巴结肿大压痛。

(3)血常规白细胞总数增高,以中性粒细胞增高明显,可
出现核左移和中毒颗粒。血沉可增快。

2. 鉴别诊断

(1)急性蜂窝织炎:为皮下组织、筋膜下、肌肉间隙或深部蜂窝组织急性弥漫性化脓性感染,致病菌主要是溶血性链球菌、金黄色葡萄球菌。病变局部明显红肿,压之不褪色,与正常皮肤边界不清楚,病变中央常因缺血而发生坏死。

(2)急性淋巴结炎:致病菌多为金黄色葡萄球菌及溶血性链球菌,浅层淋巴管炎主要表现皮肤上出现明显的红线,其所属的淋巴结肿大、压痛。全身表现有寒战、高热、头痛、乏力。淋巴管炎多发生在四肢而淋巴结炎可在颌下、腋窝或腹股沟部触及。

3. 治疗要点

(1)一般治疗:局部制动,下肢丹毒应卧床,抬高患肢。

(2)药物治疗

【处方1】 0.9%氯化钠 100ml ┃ 静脉滴注,2/d,先
青霉素 160万~400万 U ┃
皮试。

【处方2】 0.9%氯化钠 100ml ┃ 静脉滴注,2~3/d,先皮
头孢唑林钠 1~2g ┃
试。

【处方3】 盐酸左氧氟沙星氯化钠注射液 0.2g,静脉滴注,2/d。

【处方4】 25%~50%硫酸镁溶液或 0.5%呋喃西林液湿敷,并外用诺氟沙星软膏或百多邦软膏。

(3)其他治疗:如紫外线照射、超短波红外线等有一定疗效。

十三、急性蜂窝织炎

急性蜂窝织炎是皮下、筋膜及肌肉的结缔组织、脂肪、血管等急性、弥漫性、化脓性炎症。致病菌主要是溶血性链球菌,其次为金黄色葡萄球菌及厌氧性细菌。多于皮肤或软组织损伤后引起感染,也可有邻近感染灶直接扩散或经淋巴、血行扩散所致。

1. 诊断要点

(1)症状:多有皮肤或软组织损伤史。起病急,病程短,有高热、寒战、头痛、全身无力、食欲不振、局部发热及肿痛等。

(2)体征:表现为炎症区域与正常组织界限不清、深压痛,四肢炎症、功能障碍,局部淋巴结肿大者皮肤筋膜可能坏死。

(3)实验室检查:血白细胞总数升高,中性粒细胞增高,核左移。

2. 鉴别诊断

(1)急性淋巴结炎:细菌从原发病灶侵入淋巴管和淋巴结,引起继发炎症,致病菌多为金黄色葡萄球菌及溶血性链球菌。浅层淋巴管炎主要表现皮肤上出现明显的红线,其所属的淋巴结肿大、压痛。全身表现为寒战、高热、头痛、乏力。淋巴管炎多发生在四肢而淋巴结炎可在颌下、腋窝或腹股沟部触及。

(2)丹毒:由溶血性链球菌从皮肤黏膜的细小伤口或足癣感染,侵入皮肤或黏膜的网状淋巴管,引起急性皮肤感染。多发于下肢和面部,起病急,常有头痛、畏寒、发热;局部呈片状皮疹,稍隆起,色鲜红,压之褪色,边界清楚,不化脓,易复发,可导致淋巴水肿,甚至发展为象皮肿。

3. 治疗要点

(1)一般治疗:注意休息,抬高患肢。

(2)药物治疗

【处方1】 0.9%氯化钠100ml
青霉素160万~400万U ｜静脉滴注,2/d,先皮试。

【处方2】 0.9%氯化钠100ml
头孢唑林钠1~2g ｜静脉滴注,2~3/d,先皮试。

【处方3】 甲硝唑注射液0.5g,静脉滴注,2/d。

(3)局部治疗:急性早期,外敷用芙蓉膏、金黄膏或50%硫酸镁加甘油外敷。经药物和理疗等措施仍不能控制其扩散时,必须切开引流、清除坏死组织和脓液。

十四、颅脑创伤

无论任何原因致使颅脑受到外伤,均称为颅脑创伤。主要包括头皮损伤、颅骨损伤及脑损伤,损伤造成颅内与外界相通者属于开放性颅脑创伤,反之为闭合性颅脑创伤。

1. 诊断要点

(1)临床表现:有外伤病史,初期可出现血压升高、脉搏缓慢、呼吸加深变慢等,多提示有颅内压增高、颅内血肿及脑疝等;严重脑干损伤还可有血压波动不稳,心律失常及中枢性高热等。主要表现有头痛、头晕、恶心、呕吐、心悸及烦躁,也可有失眠、耳鸣、畏光、多汗及意识障碍等,严重损伤可出现脑膜刺激征、大小便失禁、强直性抽搐或去大脑强直等,其中剧烈头痛、呕吐常是颅内压增高的特征之一。

(2)体征:一侧或双侧瞳孔可发生散大与缩小,或交替性时大时小及光反射迟钝或消失。神经系统检查可有锥体束征、肢体抽搐或偏瘫、神经缺失及脑神经障碍等。

(3)辅助检查:脑脊液可有多量红细胞;X线检查可明确有无颅骨骨折;CT及MRI检查可了解颅骨、脑组织受损情况。

2. 治疗要点

(1)一般治疗:卧床休息,保持呼吸道通畅、密切观察病情。

1)防治脑水肿、脱水、降颅压

【处方1】 20%甘露醇注射液250ml,快速静脉滴注,2～4/d。

【处方2】 呋塞米注射液20～40mg,静脉注射,3/d。

2)改善脑细胞代谢

| 【处　方】 | 10%葡萄糖注射液 500ml
细胞色素 C 注射液 15～20mg
辅酶 A 注射液 50U
三磷腺苷注射液 20～40mg
维生素 B_6 注射液 50～100mg
维生素 C 注射液 1g
氯化钾注射液 1g
普通胰岛素 6～10U | 静脉滴注, |

1～2/d。

3)激素治疗

【处方1】 地塞米松注射液5～10mg,静脉或肌内注射,

2～3/d。

【处方2】 氢化可的松注射液100mg,静脉注射,1～2/d。

4)对症支持治疗:严重颅脑伤、开放性创口及颅底骨折伴耳鼻漏或出血者应常规应用抗生素和破伤风抗毒素。酌情给予止血、镇静或镇痛等药物治疗。

(2)手术治疗:目的在于清除颅内血肿等占位病变,以解除颅内压增高,防止脑疝形成或解除脑疝。手术包括硬膜外血肿清除术,急、慢性硬膜下血肿清除术,微创颅内血肿尿激酶溶解引流术和脑组织清创减压术。应注意:①确诊后迅速手术,应用CT扫描正确选择手术开瓣的部位。②术前应做好骨瓣开颅设计,以便血肿清除和止血。③注意多发血肿存在的可能,力求勿遗留血肿。④减压术。对脑挫伤、脑水肿严重者应进行减压术。

十五、胸部创伤

胸部创伤包括胸壁、胸腔内脏器和膈肌直接性损伤,以及由此产生的继发性病变如血气胸、纵隔气肿、心脏压塞及连枷胸等。依其胸腔是否与外界相通,又分为开放性胸部创伤和闭合性胸部创伤。

(一)胸廓骨折

1. 诊断要点

(1)有胸部受暴力直接打击、挤压病史。

(2)主要表现为胸痛,深呼吸及咳嗽时加重。骨折处压痛明显,有时可触及骨擦音、间接挤压胸廓时骨折部位疼痛。多根多处肋骨骨折时可见局部凹陷畸形及反常呼吸运动所产生的呼吸困难。

(3)全胸后前位 X 线片显示肋骨骨折线及骨折端移位畸形。

2. 治疗要点

(1)一般治疗:保持呼吸道通畅,清除呼吸道内分泌物,吸氧。

(2)对症治疗:①单纯性骨折。主要以镇痛和固定为主,同时积极防治感染等并发症。止痛可采用局部封闭、肋间神经阻滞、胶布固定及镇痛药等。有胸骨错位时可用闭式手法复位或铁丝夹板外固定,也可采用重力牵引法,必要时行手术内固定。②多发性骨折。对于多根多处骨折所引起的浮动胸壁,根据软化区范围和应用效果,分别采用局部敷料包扎、胸带或肋骨牵引等固定方法。若肋骨错位较大或病情严重者可切开胸壁,断端贯穿不锈钢丝做内固定。③开放性骨折。尽早进行清创术,并同时做内固定。有胸膜破损时应放置闭式引流,术后加强抗感染治疗。

(二)创伤性气胸

1. 诊断要点

(1)闭合性气胸:临床多较稳定或不再加重,主要表现为程度不等的呼吸困难、胸痛。伤侧呼吸音减弱,叩诊呈鼓音,气管偏向健侧。立位胸片示伤侧肺不同程度萎陷,胸腔内积气。

(2)张力性气胸:呼吸困难进行性加重,伴有纵隔气肿或皮下气肿。伤侧叩诊呈鼓音,呼吸音消失,气管偏向健侧。X线胸片显示无肺纹理区和肺压缩带。胸腔穿刺胸腔内呈高压状态,并在排气后短时间内反复出现呼吸困难及大量气胸征。

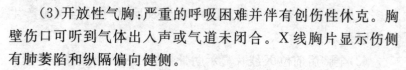

（3）开放性气胸:严重的呼吸困难并伴有创伤性休克。胸壁伤口可听到气体出入声或气道未闭合。X线胸片显示伤侧有肺萎陷和纵隔偏向健侧。

2. 治疗要点

（1）闭合性气胸:肺压缩小于30％且临床症状轻者可严密观察。气体较多且伴有症状者,可采用胸腔穿刺抽气,或行胸腔闭式引流术,以促使肺膨胀。

（2）张力性气胸:在迅速排气减压的基础上,即行胸腔闭式引流术,若症状仍不见改善,气胸仍有发展或纵隔气肿、皮下气肿仍不断加重者,应开胸探查。严重纵隔气肿者,可行纵隔切开术。

（3）开放性气胸:首先封闭胸壁伤口,变开放性气胸为闭合性气胸。行胸腔闭式引流术。待全身症状改善后,在气管插管下行清创和封闭胸腔手术。

（三）创伤性血胸

1. 诊断要点

（1）有胸部受伤史。少量血胸者,仅表现有胸痛、咳嗽或咯血。中量以上血胸,可有内出血及出血性休克等表现。常与气胸并存,形成血气胸。伤侧下胸部浊音,呼吸音减弱或消失。血胸量多者纵隔或气管向健侧移位,伤侧肋间饱满。

（2）胸腔穿刺可抽出不凝血。X线摄片:直立时后前位胸片可见血胸上缘之弧形阴影,血气胸者则见气液平面。少量血胸仅见肋膈角消失,中量血胸积血上界可达第四前肋水平,大量血胸积血可超过第二前肋水平。

2. 治疗要点

(1)非进行性血胸,可采用胸腔穿刺抽血,使肺膨胀。如积血量较多,则可行闭式引流。同时根据全身情况及出血量,予以输血补液,并抗感染治疗。

(2)对进行性血胸,伴有休克者,应在积极抗休克救治的同时,准备开胸探查,进行手术止血,术后置胸腔闭式引流。

(四)心脏穿透伤和急性心脏压塞症

1. 诊断要点

(1)主要表现为休克症状,血压低、脉压小,周围循环呈衰竭状态。颈静脉怒张(吸气时更明显),心音低远。

(2)心包穿刺不仅可明确诊断,且可抽出心包积血、减轻心包内压力,缓解症状。超声检查有助于诊断。

2. 治疗要点

(1)在局麻下行心包穿刺术,抽出积血,可立即缓解症状。

(2)补液、输血抗休克。

(3)必要时开胸进行心脏缝合修补术。在心包穿刺,明确诊断,缓解症状的基础上,边抗休克,边做术前准备,创造条件进行开胸实施心脏缝合修补术。

(4)心功能不全时可用洋地黄类及抗心律失常药物。

十六、腹部创伤

腹部创伤包括腹壁、腹腔内脏器或腹膜后脏器损伤等。腹壁皮肤组织完整者为闭合性腹部创伤,若有组织破坏的伤口为开放性腹部创伤。

1. 诊断要点

(1)病因:有外伤病史,如伤及腹部又有腹痛、腹部压痛、腹肌紧张等均应引起注意。对于休克、昏迷患者虽无主诉腹痛,但不应忽视对腹部的检查。

(2)腹痛:主要表现为腹痛,若有逐渐加重或范围扩大的趋势应考虑有腹部脏器损伤,腹腔内脏器破裂或穿孔均有液体流入腹腔,而致腹部呈持续性疼痛。早期腹痛最明显的部位常是脏器损伤的部位。

(3)消化道症状:恶心、呕吐、呕血及便血等,可伴有腹式呼吸减弱或消失。

(4)腹膜刺激征:尤其空腔脏器破裂更为典型,腹膜后脏器损伤,压痛多以腰背部为主,腹部则可为深压痛,也可无腹肌紧张与反跳痛。常伴有腹胀或膨隆、肠鸣音减弱或消失、肝浊音界缩小及移动性浊音等。

(5)休克:实质性脏器损伤内出血,常引起出血性休克等表现,休克程度与失血量呈正比。如合并空腔脏器伤,则休克更为严重。

(6)辅助检查

1)化验检查:如腹腔内出血,红细胞、血红蛋白、血细胞比容均低于正常。如有空腔脏器和实质脏器同时损伤,白细胞数增加。尿、血淀粉酶增高有助于胰腺损伤的诊断。

2)X线检查:腹部平片对腹内金属异物定位、诊断腹膜后十二指肠损伤、检查膈下有无游离气体、骨盆及腰椎椎体及横突骨折等均有帮助。

3)腹腔穿刺或灌洗:腹腔灌洗对少量出血者比诊断性穿刺更为可靠,但均应注意假阳性发生,尤其是伴有骨盆骨折、腹膜后血肿的患者。

4)B超检查：尤其对实质脏器损伤多可明确有无破裂及腹腔积血等，对气腹、胃肠损伤的诊断也有一定价值。

2. 治疗要点

（1）一般治疗：卧床休息，保持呼吸道通畅、密切观察病情，必要时胃肠减压。积极采取输液、止血、抗休克、抗感染治疗。

（2）急诊手术适应证：①严重腹部伤怀疑有腹腔脏器破裂、出血合并出血性休克，经抗休克抢救血压升不到10.7kPa（80mmHg）以上，应在抗休克的同时实施紧急手术。②腹膜刺激征明显，疑有腹腔脏器伤。③腹腔诊断性穿刺或灌洗阳性者。④腹部X线摄片膈下有游离气体或肾周围、腰大肌周围有积气，虽然腹腔穿刺阴性，结合病史和体检疑有腹膜后十二指肠、升结肠或降结肠破裂者。

（3）手术探查：手术探查步骤首先是止血，然后修补损伤脏器。肝破裂一般采用缝合止血或肝动脉结扎止血。如肝脏断裂肝组织已失去血供，应行清创性部分肝切除。脾破裂合并休克，一般情况较差者，宜行脾切除术。胃或小肠破裂可行胃或小肠裂口修补或吻合。结肠完全断裂、污染严重者应做结肠外置。胰腺断裂者视具体情况进行断面缝闭、胰段切除术以及主胰管吻合或胰腺空肠 Roux-Y 型吻合术等。肾破裂伴大量出血，有肉眼全程血尿、大量尿外渗及腹腔有其他脏器损伤者均积极考虑手术探查，根据损伤情况选择肾脏修补术、套包术、部分切除术、肾全切术及肾血管修补或重建术等方式。腹膜血肿，必要时可切开探查，找出损伤脏器，如十二指肠破裂混有胆汁的血肿，应清除血肿后修补和引流。

十七、脊柱创伤

脊柱创伤常造成脊髓损伤引起严重并发症,由于椎体的移位或碎骨片突出于椎管内,使得脊髓或马尾神经产生不同程度的损伤。胸腰段损伤使下肢的感觉与运动产生障碍,导致截瘫。颈段脊髓损伤后,双上肢也有神经功能障碍,导致瘫痪。

1. 诊断要点

(1)脊柱骨折:①有脊柱遭受外力或高处坠落史,伤后有脊柱某个区域疼痛、压痛、肿胀,翻身或搬动时疼痛加重。有时会出现腹痛、腹胀或肠麻痹。②根据外伤史、局部疼痛和肿胀、压痛,特别是伤部脊椎棘突的局限性压痛、畸形(包括后凸或凹陷畸形),可诊断脊柱损伤。

(2)脊髓损伤:表现为受损节段以下截瘫。根据脊髓受损的程度不同,可分为脊髓震荡、脊髓挫伤、脊髓受压、脊髓断裂和马尾神经损伤。

1)瘫痪:分为软瘫和痉挛性瘫痪。软瘫是下运动神经元性瘫痪,又叫弛缓性瘫痪,表现为肌张力低、反射消失,感觉丧失,大小便不能控制,病理反射阴性。痉挛性瘫痪是上运动神经元性瘫痪,又称硬瘫,表现为肌张力高,腱反射亢进,病理反射阳性。

2)脊髓震荡:是最轻的一种脊髓损伤,损伤平面以下软瘫,数小时后瘫痪程度逐渐减轻,最后可以完全恢复。

3)第二腰椎以下骨折:可引起马尾神经损伤,表现为受伤平面以下软瘫。

4)其他较重的脊髓损伤:立即出现受损平面以下软瘫,这是失去大脑高级神经中枢控制的一种病理现象,称为脊髓休克。2～4周后休克期结束,逐渐变为痉挛性瘫痪。但是,上颈椎(颈$_{1～4}$)损伤后的瘫痪均为硬瘫,下颈椎(颈$_{5～7}$)损伤后,双上肢为软瘫,而双下肢为痉挛性瘫痪。

（3）其他:所有临床怀疑有脊柱、脊髓损伤的伤员,均应进行影像学检查。

2. 治疗要点

（1）现场急救:凡疑有脊柱脊髓损伤者,要保持呼吸道通畅和有效呼吸,必要时及早行气管插管或气管切开做正压供氧。搬运脊柱骨折伤员时必须小心,正确的搬运方法是采用担架、木板等不变形的物体运送。先使伤员上下肢伸直,木板放在伤员的一侧,多人用手将伤员平托至担架上,或采用滚动法,使伤员脊柱保持平直状态,成为一体滚动至木板上。有颈椎损伤时,搬动伤员需要专人托扶伤员的头颈部,并且适当做牵引固定。在整个搬动过程中,要用枕头或沙袋置于头颈两侧,保持头颈部与整个身体的一致移动,防止途中头部摆动,加重损伤。

（2）单纯脊柱骨折:颈椎骨折或脱位,均应采用颅骨牵引术,根据具体伤情决定牵引的方向和时间。颅骨牵引不能复位者,应及时切开复位,并行内固定。胸腰段压缩性骨折较轻者,可仰卧于硬板床上,骨折部位垫枕,使脊柱过伸,同时行功能锻炼。较重的压缩性骨折要早期复位,对不稳定性胸腰段骨折不能闭合复位者可手术切开复位,然后选用适当的内固定器固定。

（3）脊髓损伤:脊髓周围有致压物者,应通过手法或手术消除对脊髓的致压物。脊髓完全横断者,减压术虽无效,但对不稳定骨折脱位可因内固定后获得早期翻身活动的机会,从而减少局部的再损伤。脊髓休克以非手术疗法为主。脊髓震荡伤或压迫解除后要采用药物治疗,以促其早期恢复功能。

常用药物:

【处方 1】 地塞米松注射液 10～20mg,静脉滴注,连用5～7d,改为口服,0.75mg,3/d,维持 2 周左右。

【处方 2】 20%甘露醇注射液 250ml,静脉滴注,2/d,连用5～7d。

(4)其他:积极预防各种并发症,给予全身支持疗法。

十八、骨盆创伤

骨盆骨折多由直接暴力引起,常由交通事故、高处坠落或碾压所致。骨盆是由骶骨、尾骨、耻骨、坐骨和髂骨互相连接构成的骨性环。造成骨盆骨折的力都是较大的暴力,除骨折外还会有一些内脏的合并伤,故临床症状很重。

1. 诊断要点

(1)全身表现:盆腔内血管较多,骨盆血液循环丰富,因而骨折时往往出血严重,有失血性休克的症状和体征。骨折片刺破肠管后有急性弥漫性腹膜炎的表现。耻骨支骨折损伤膀胱或后尿道时,患者有尿痛、血尿、排尿障碍和会阴部血肿等症状。骶骨或髂骨骨折时,可损伤骶丛或坐骨神经,表现为下肢某些部位感觉消失,肌肉无力,甚至瘫痪。

(2)局部表现:伤处疼痛,肿胀,皮下瘀血或血肿。严重的移位会造成骨盆变形。骨盆分离和挤压试验阳性。

（3）辅助检查：骨盆正位 X 线、骨盆入口位 X 线、骨盆出口位 X 线片，必要时需行骨盆 CT 检查，特别是对骶骨骨折的患者 CT 检查可以更加明确骨折的部位与程度。

2. 治疗要点

（1）急救：早期急救的关键在于及时发现骨盆骨折后出血所致的休克体征，并及时补液、输血、抗休克治疗。在抗休克治疗的同时及早进行骨盆环外支架固定。

（2）骨折的治疗

1）稳定型骨盆骨折：多数可以通过卧床休息等对症治疗获得骨折的愈合。前后挤压型损伤（开书样损伤）也可以通过双腿内旋状态下的骨盆吊带来治疗，需要强调的是外侧挤压型损伤（关书样损伤）和垂直剪式不稳定性骨折者是应用骨盆吊带的禁忌证，因为它会导致进一步的骨折移位。

2）手术复位：适用于不稳定型骨折。极少数反转移位的骨折片要施行手术复位，用可吸收螺钉固定。近年来有人主张对复杂的不稳定型骨折施行早期手术复位，然后选用内固定器或外固定器固定。

十九、四肢创伤

四肢创伤多由交通事故伤、机器伤、高处坠落、各种自然灾害等所致。四肢创伤可以是单纯损伤，也可为全身多发伤之一。四肢创伤主要引起骨关节和软组织损伤，轻者一般只引起局部症状，严重骨折和多发性骨折可导致全身反应。

1. 诊断要点

（1）全身表现

1)休克:骨折所致休克主要为出血性休克。严重的开放性骨折或并发重要内脏器官损伤时亦可导致休克。

2)发热:骨折后一般体温正常,出血量较大的骨折,如股骨骨折、骨盆骨折,血肿吸收时可出现低热,但一般不超过38℃。开放性骨折,出现高热时,应考虑感染的可能。

(2)局部表现

1)骨折的一般表现:局部疼痛、肿胀和功能障碍。骨折时,骨髓、骨膜及周围组织血管破裂出血,在骨折处形成血肿,以及软组织损伤所致水肿,使患肢严重肿胀,甚至出现张力性水疱和皮下瘀斑。骨折局部出现剧烈疼痛,特别是移动患肢时加剧,伴明显压痛。患肢活动受限,如为完全性骨折,可使受伤肢体活动功能完全丧失。

2)骨折的特有体征:①畸形,主要表现为缩短、成角或旋转畸形。②正常情况下肢体不能活动的部位,骨折后出现不正常的活动。③骨擦音或骨擦感。

(3)辅助检查:凡疑为骨折者应常规进行 X 线检查。

2. 治疗要点

(1)急救

1)抢救休克:首先检查患者全身情况,如处于休克状态,应注意保暖,尽量减少搬动,有条件时应立即输液、输血。合并颅脑损伤处于昏迷状态者,应注意保持呼吸道通畅。

2)包扎伤口:开放性骨折,伤口出血绝大多数可用加压包扎止血。人血管出血,加压包扎不能止血时,可采用止血带止血。若骨折端已戳出伤口,并已污染,又未压迫重要血管、神经则不应将其复位,以免将污物带到伤口深处。应送至医院经清创处理后,再行复位。

3)妥善固定:闭合性骨折者,急救时不必脱去患肢的衣裤和鞋袜,以免过多地搬动患肢,增加疼痛。若患肢肿胀严重,可用剪刀将患肢衣袖和裤脚剪开,减轻压迫。骨折有明显畸形,并有穿破软组织或损伤附近重要血管、神经的危险时,可适当牵引患肢,使之变直后再行固定。

4)迅速转运:患者经初步处理,妥善固定后,应尽快转运至就近的医院进行治疗。

(2)治疗原则

1)急诊手术:需要急诊手术的损伤包括开放性骨折,不能复位的大关节脱位,伴有撕裂伤或在手术区有全层皮肤脱落的骨折,伴神经症状进行性加重的脊柱损伤,危及肢体或局部软组织血供的骨折-脱位及合并筋膜间隙综合征的骨折。

2)限期手术:是指那些应在损伤后 24~72 小时进行的手术,如严重开放骨折的再清创、多发伤患者、髋部骨折和不稳定骨折-脱位的长骨固定。

3)择期手术:能采用择期手术治疗的创伤包括开始时用非手术方法做了复位和固定,但用手术治疗可以获得更好结果的单纯骨折,如前臂双骨折。预定手术切口附近软组织条件不好,有软组织损伤或有张力性水泡;需要时间做较详细的影像学检查,或需要时间做进一步术前准备和制定术前计划的损伤,如关节内骨折。如果手术延迟 4 周以上,则软组织挛缩、损伤区组织界限模糊及骨折断端吸收等,都使复位内固定更加困难,且常常需要同时做骨移植手术。

二十、多发伤

多发伤是指在同一致伤因素作用下,人体同时或相继遭受两个或两个以上解剖部位或脏器的创伤,而这些创伤即使单独存在,也属于严重创伤。

1. 诊断要点

(1)伤情复杂、伤势严重,多表现为生理功能急速紊乱,脉细弱、血压下降、氧合障碍。有效循环量大减(含血液及第三间隙液),低血容量性休克发生率高。

(2)根据不同部位、脏器和损伤程度,早期临床表现各异。

1)开放伤可自伤口流出不同性质和数量的液体。

2)颅脑伤表现有不同程度的改变和瞳孔变化。

3)胸部伤多表现呼吸功能障碍、循环功能紊乱、低氧血症和低血压。

4)腹部伤早期表现为腹内出血、腹部刺激征或低血压。

5)脊柱、脊髓伤可出现肢体运动障碍或感觉丧失。

6)长骨干骨折可表现肢体变形或活动障碍。

2. 鉴别诊断

(1)复合伤:该类型损伤虽也可伤及人体多个部位或脏器,但致伤因素是由于两个以上不同性质的损伤所致。除一般创伤外,常见的还有热力、火器、冲击伤及射线等特定性质的致伤因素作用所产生的损伤。

(2)多处伤:主要区别在于多处伤虽也可遭受同一致伤因素的作用,但系指在同一解剖部位或脏器所发生的两处以上的损伤,如同一肢体的多发骨折及小肠多处破裂等。

3. 治疗要点 救治原则为根据伤情的需要制定抢救措施、手术方案及生命支持程序。

(1)现场急救:将伤者安全迅速脱离现场,按战伤救治原则,包扎、止血、固定、保持呼吸道通畅,密切观察生命体征,给予呼吸、循环支持。

(2)院内处理:多发伤患者在得到初步的复苏和生命支持后,生命体征相对趋于平稳,可行进一步的检查,并根据检查结果进行相应的处理。

1)颅脑伤的处理:尽早行颅脑 CT 检查,了解颅内的变化。昏迷患者应及时清除口腔血块、呕吐物及分泌物等,保持气道通畅,防止误吸。根据伤情,必要时行开颅血肿清除和(或)减压术。

2)胸部伤的处理:多数情况下可先行胸腔闭式引流术,必要时行开胸探查术。

3)腹部伤的处理:多发伤合并腹内脏器损伤是导致患者死亡的主要原因之一。腹部诊断性穿刺及床旁超声检查有助于动态观察及临床诊断。必要时行剖腹探查。

4)四肢、骨盆、脊柱伤的处理:对于四肢开放性损伤、血管神经损伤、脊柱骨折、脊髓损伤应在患者生命体征稳定后早期进行手术处理。

(3)对症支持治疗:积极给予营养支持、预防感染等治疗。

二十一、复合伤

复合伤是指两种或两种以上致伤因素同时或相继作用于人体所造成的损伤,所致机体病理生理紊乱较多发伤和多处伤更加严重而复杂。复合伤的特点是致伤因素多,其中一种主要致伤因素在伤害的发生、发展中起着主导作用。

1. 诊断要点

(1)多致伤因素:常见的有创伤与烧伤的复合伤,创伤与电击伤的复合伤(烧伤与冲击伤的复合伤)火器伤、烧伤与冲击伤的复合伤,放射损伤与非放射损伤的放射复合伤等。

(2)创面或创口:常能间接地推测可能发生的伤情,如烧伤、冲击伤体表创面虽轻,但内脏损伤可能较重。

(3)症状和体征:根据致伤因素、损伤部位出现相应的体征和症状。烧伤可见相应的创面,冲击伤则可有相应的内脏伤如肺冲击伤可伴有胸闷、咳嗽或呼吸困难等。

(4)全身性反应:可有不同程度的休克、全身免疫功能低下,伤后感染发生较早,多见,且更为严重。

(5)辅助检查:必要的化验、X线、超声及CT检查等,根据病情需要适当选择,有助于确诊。

2. 鉴别诊断 主要与多发伤或不同类型致伤原因相区别,后者虽可伤及多部位、多系统或多脏器,但系同一致伤因素作用所致。

3. 治疗要点

(1)一般治疗:①有害气体中毒处理参考本章有关内容。②抗放射性药物的应用,如胱胺、半胱胺、雌激素及中草药等。放射损伤一旦确诊应立即给予抗放射性药物,对疑有放射损伤者可及早给药,同时还可与其他促进造血功能再生的药物合用。③吸入性损伤所致的急性肺水肿的防治,应切实保持呼吸道通畅,必要时行气管切开术。针对损伤过程中的热气、热流、有害气体或火焰等所产生的吸入损伤及时处理,可参考烧(烫)伤有关内容。

（2）局部治疗

1）放射性损伤：尽早消灭创面或伤口，尤其是清除放射性的污染创面，应注意先将伤口覆盖，以防止带有放射性物质的洗液进入伤口，创口用0.9%氯化钠反复冲洗。对于难以冲洗的创口，可采用清创术来消除污染，一般需做延期缝合。

2）化学性损伤：及时清除残余毒物，条件允许则及时做清创处理。若伤口位于四肢，急救时应及早使用止血带，以减少毒剂吸收。

3）烧伤性损伤：创面和伤口可按处理烧伤的原则和方法进行，对深度烧伤后切痂的创面宜用异体皮或替代物覆盖创面，以免加大创面。

（3）全身治疗

1）针对主要致伤病因救治：根据伤情发展不同阶段的主要致伤原因，伤后不同时期的救治应有所侧重。抗休克补液及脑疝的处理是治疗的必要手段。

2）手术治疗：复合伤患者伤情危重复杂，一般需紧急手术治疗，应严格掌握手术适应证。

3）积极防治感染：及早妥善处理创面和加强全身抗感染治疗。

4）保护内脏功能：注意积极预防、治疗 ARDS、MODS、DIC 等。

5）其他：全身的代谢营养支持治疗。

第四章 常见妇产科急症

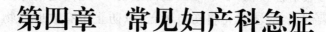

一、异位妊娠

1. 诊断要点

异位妊娠包括输卵管妊娠、卵巢妊娠、腹腔妊娠、阔韧带妊娠及宫颈妊娠等。其中以输卵管妊娠为最常见,占95%左右。

(1)临床症状:多有6~8周停经史,有阴道不规则出血,主要表现为一侧下腹部隐痛或酸胀感,一旦流产或破裂,则为剧烈的下腹疼痛伴恶心、呕吐、肛门坠胀,严重者出现晕厥或休克。

(2)辅助检查

1)血、尿 HCG 升高。

2)B 超示宫腔内无妊娠囊,宫旁有低回声区,偶见异位的胎芽及胎心。

3)后穹隆穿刺或腹穿可抽出不凝血。

2. 鉴别诊断

(1)流产:主要症状为阴道出血和腹痛,阴道出血多为鲜红色,有小血块或绒毛排出,腹痛为下腹中央阵发性坠痛。B超检查宫内可见妊娠囊。

(2)急性输卵管炎:无停经史,无阴道出血,表现为下腹部持续性疼痛,查体两侧附件区压痛阳性,B超检查可见两侧附件低回声区。

(3)急性阑尾炎:无停经史,无阴道出血,典型表现为转移性右下腹痛,查体麦氏点有压痛及反跳痛。B超检查子宫附件区无异常图像。

3. 治疗要点

(1)一般治疗:一旦确诊,立即吸氧、建立静脉通道,备血。

(2)手术治疗:异位妊娠以手术治疗为主,可行腹腔镜手术。

(3)药物治疗:适用于早期输卵管妊娠,要求保存生育能力的年轻人,并符合以下条件者:①未发生流产或破裂。②输卵管妊娠包块直径≤4cm。③无明显内出血。④血 HCG <2 000U/L。

【处方1】 甲氨蝶呤注射液 1mg/(kg·d),肌内注射,1/d(第1、3、5 天)。

甲酰四氢叶酸钙注射液 0.1mg/(kg·d),肌内注射,1/d(第2、4、6 天)。

【处方2】 5%葡萄糖注射液 500ml　氟尿嘧啶注射液 500ml｜静脉滴注(6～8 小时滴完)。

【处方3】 米非司酮片 150mg,口服,1/d,连用 3～5d。

二、妊娠剧吐

1. 诊断要点

（1）多见于年轻初孕妇，停经 40 日左右出现早孕反应逐渐加重致频繁呕吐不能进食、进水，严重者可引起失水及电解质紊乱，甚至出现出血倾向、血压下降、嗜睡、昏迷等。

（2）检查血、尿常规及生化，必要时查血气分析了解酸碱平衡情况。

2. 鉴别诊断　首先需确定是否为妊娠，并排除葡萄胎引起妊娠的可能，葡萄胎时出现妊娠呕吐较正常妊娠为早，持续时间长，且症状严重，应注意鉴别。

3. 治疗要点

（1）一般治疗：注意休息，适当运动，保持心情舒畅。

（2）药物治疗：静脉补液，补充热能，纠正水、电解质代谢紊乱。

【处方1】　冬眠灵注射液 25mg，肌内注射或口服，1/12小时。

【处方2】　10％葡萄糖盐水 200～300ml，静脉滴注，1/d。

【处方3】　复方氨基酸注射液 500ml，静脉滴注，1/d。

10％葡萄糖注射液 500ml

【处方4】　维生素 B_6 注射液 100mg ｜ 静脉滴注，1/d。

维生素 C 注射液 500mg

【处方5】　脂肪乳注射液 250ml，静脉滴注，1/d。

（3）终止妊娠：经治疗病情无好转，体温上升达 38℃以上，脉搏 120 次/分钟以上,或出现黄疸及肝功能异常,眼底有出血或视网膜炎,出现多发性神经炎、中毒性脑病的孕妇要终止妊娠。

三、妊娠高血压病

1. 诊断要点

(1)多见于妊娠 20 周后,年轻及高龄初产妇发病率高。典型临床表现为高血压、蛋白尿和(或)水肿,病情严重时可出现抽搐、昏迷、心肾功能衰竭及凝血功能障碍导致 DIC。

(2)妊娠高血压病分类

1)妊娠期高血压:BP≥140/90mmHg,尿蛋白(一),妊娠期出现,产后 12 周恢复正常,可伴有上腹部不适或血小板减少。

2)子痫前期:①BP≥140/90mmHg,尿蛋白(＋)或≥300mg/24 小时,孕 20 周后出现,可有上腹不适、头痛等。②BP≥160/110mmHg,尿蛋白(＋＋)或≥2g/24 小时,血肌酐＞106μmol/L,血小板＜100×10^9/L,血乳酸脱氢酶升高,血清丙氨酸转氨酶或门冬氨酸转氨酶升高,持续性头痛、视觉障碍或脑神经障碍,持续性上腹不适。

3)子痫:孕妇抽搐或昏迷,不能用其他原因解释。

2. 鉴别诊断

(1)妊娠高血压病须与妊娠合并原发性高血压、妊娠合并慢性肾炎相鉴别。

(2)子痫应与癫痫、癔症、糖尿病所致酮症酸中毒或高渗性昏迷、低血糖昏迷等相鉴别。

3. 治疗要点

(1)一般治疗:注意休息、饮食,密切监测体重、血压、尿蛋白等。可间断吸氧。

(2)药物治疗:原则为休息、镇静、解痉、降压、合理扩容及利尿,适时终止妊娠。

1)镇静

【处方1】 地西泮片 2.5～5mg 口服,3/d,或地西泮注射液 10mg 肌内注射,抽搐时不能用。

【处方2】
$\left.\begin{array}{l}\text{氯丙嗪注射液 }25mg\\\text{异丙嗪注射液 }25mg\\\text{哌替啶注射液 }50mg\end{array}\right\}$ (半量冬眠合剂一号)肌内注射,1/8 小时。

【处方3】 苯巴比妥片 30mg,口服,3/d。

【处方4】 吗啡注射液 15mg,必要时皮下注射。

2)解痉

【处　方】
$\left.\begin{array}{l}25\%\text{硫酸镁注射液 }20ml\\25\%\text{葡萄糖注射液 }20ml\end{array}\right\}$ 缓慢静脉滴注(5～10 分钟)。

继以
$\left.\begin{array}{l}25\%\text{硫酸镁注射液 }60ml\\5\%\text{葡萄糖注射液 }500ml\end{array}\right\}$ 静脉滴注,滴速 1～2g/h。

3)降压:注意 ACEI 类药物妊娠期禁用。

【处方1】 肼屈嗪片 10mg,口服,3/d。

【处方2】
$\left.\begin{array}{l}5\%\text{葡萄糖注射液 }500ml\\\text{肼屈嗪注射液 }40mg\end{array}\right\}$ 静脉滴注,滴速 20～30 滴/分钟。

【处方3】 硝苯地平片 10mg,舌下含服,3/d。

【处方4】 尼莫地平片 20mg,口服,2/d。

【处方5】 5％葡萄糖注射液 500ml 硝普钠注射液 25mg 缓慢静脉滴注。

4)扩容

【处方1】 平衡液 500ml,静脉滴注。

【处方2】 5％葡萄糖注射液 500ml 低分子右旋糖酐注射液 500ml 静脉滴注。

【处方3】 20％人血白蛋白注射液 500ml,静脉滴注。

【处方4】 血浆 200 ml,静脉滴注。

【处方5】 全血 200 ml,静脉滴注。

5)利尿

【处方1】 呋塞米注射液 20mg,肌内注射。

【处方2】 20％甘露醇注射液 250ml,静脉滴注(15~20分钟)。

(3)终止妊娠:①子痫前期经治疗 24~48 小时仍无明显好转者。②子痫前期孕周已超过 34 周。③子痫前期孕周不足 34 周,胎盘功能减退,胎儿已成熟者,或胎儿未成熟已用地塞米松促胎儿肺成熟治疗后。④子痫控制后 2 小时可终止妊娠。

四、流 产

1. 诊断要点

妊娠不足 28 周,胎儿体重<1 000g 终止妊娠者,称为流产。通常有停经史,继而出现阴道出血及下腹痛,晚期流产常先出现阴道排液后再有阵发性腹痛。血、尿 HCG 阳性,B 超

检查有助于诊断。

流产不同阶段临床表现各有不同

(1)先兆流产:停经后阴道少量出血,无或轻微下腹痛。宫颈口未开,子宫大小与孕周相符。

(2)难免流产:阴道出血量增多或阴道排液,阵发性腹痛加剧。宫颈口扩张,可有胚物阻塞,子宫大小与孕周相符或稍小。

(3)不全流产:胚物已部分排出,仍有较多阴道出血,致贫血、失血性休克。宫颈口松弛,可有胚物阻塞,子宫小于孕周。

(4)完全流产:胚物已全部排出,腹痛消失,出血减少或停止,宫颈口闭合,子宫大小接近正常。

(5)稽留流产:胚胎或胎儿已死亡未自然排出,子宫不再增大继而缩小,早孕反应消失,宫颈口未开,子宫小于孕周。

(6)习惯性流产:自然流产连续发生 3 次以上者

(7)流产感染:阴道流出物常有臭味,伴发热、腹痛,体温上高,血白细胞增多,炎症可扩展到盆腔、腹腔及全身。

2. 鉴别诊断　见表1。

表1　各种类型流产的鉴别诊断

类型	出血量	下腹痛	组织排出	宫颈口	子宫大小
先兆流产	少	无或轻	无	闭合	与妊娠周数相符
难免流产	中→多	加剧	无	扩张	相符或略小
不全流产	少→多	减轻	部分排出	闭或扩张或有物阻塞	小于妊娠周数
完全流产	少→无	无	全排出	闭合	正常或略大

3. 治疗要点

(1)先兆流产:卧床休息,禁止性生活。维生素 E 胶丸 100mg,口服,2～3/d;黄体酮注射液 10～20mg,肌内注射,1/d。

(2)难免流产和不全流产:及时行清宫术或钳刮术,清除宫腔残余组织,并预防感染。

(3)完全流产:如无感染无须特殊处理。

(4)稽留流产:了解凝血功能,做好输血准备,子宫小于 12 周时可行刮宫术,术中可使用宫缩药;子宫大于 12 周时,应静滴缩宫素。同时予以抗生素预防感染。

(5)习惯性流产:卧床休息,给予维生素 E 及黄体酮治疗达以往流产周次之后。

(6)流产感染:用抗菌药物控制感染 3 日再行清宫术,术后仍需抗感染治疗。

五、功能失调性子宫出血

(一)无排卵性功能失调性子宫出血

1. 诊断要点

(1)好发于青春期和绝经过渡期,主要表现为月经周期紊乱,子宫不规则出血,血量及出血时间不等,常导致贫血。

(2)基础体温呈单向型;月经前期宫颈黏液为羊齿状结晶;子宫内膜活检示月经前期或月经第一天为增生期子宫内膜或子宫内膜增生症。

2. 鉴别诊断

(1)全身性疾病:如血液病、肝损害、甲状腺功能亢进或低下等。

(2)异常妊娠或妊娠并发症:如流产、宫外孕、葡萄胎、子宫复旧不良、胎盘残留、胎盘息肉等。

(3)生殖道感染和肿瘤:如急性或慢性子宫内膜炎、子宫内膜癌、宫颈癌、子宫肌瘤、卵巢肿瘤等。

(4)其他:性激素类药物使用不当。

3. 治疗要点

(1)一般治疗:注意休息,补充营养,纠正贫血,预防感染。

(2)药物治疗:青春期功血治疗原则为止血、调节周期、促排卵。绝经过渡期功血治疗原则为止血、调整周期、减少经量、防止子宫内膜病变。

1)止血

①妊马雌酮片(倍美力)1.25～2.5mg,口服,1/6 小时,血止后减 1/3 量,3d 后再减 1/3 量,达维持量 1.25mg/d;或己烯雌酚片 1～2mg,口服,1/6～8 小时,血止后每 3d 减 1/3 量,维持量 1mg/d。均于血止后 2 周开始加用孕激素,甲羟孕酮片(安宫黄体酮)10mg,口服,1/d,共 10d,两药同时停用,一般于 3～7d 可发生撤药性出血。

②孕激素促使内膜由增生期转化为分泌期。炔诺酮片(妇康片)5mg 口服,1/8 小时,血止后,每 3 日递减 1/3,达维持量 5mg/d,血止 20d 停药。

③雄激素有加强子宫平滑肌和血管张力的作用,减少盆腔充血有助于止血。三合激素(黄体酮 12.5mg,苯甲酸雌二醇 1.25mg,丙酸睾酮 25mg)2ml 肌内注射,1/12 小时,血止后递减至 1/3d,共 20d。

2)调整周期:从撤药性出血的第五天开始服用妊马雌酮

片 1.25mg,1/d,连服 20d,从第 11 天开始加服甲羟孕酮片,每日 10mg。3 个周期为 1 个疗程。

3)促排卵:氯米芬片 50～100mg,口服,1/d,于月经第 5d 起连服 5d。

(二)排卵性月经失调

1. 诊断要点

(1)黄体功能不全:表现为月经周期缩短或卵泡期延长、黄体期缩短。基础体温为双相型。

(2)子宫内膜不规则脱落:黄体发育良好,但萎缩过程延长,经期延长达 8 日以上,出血量多。基础体温为双相型。

2. 治疗要点

(1)黄体功能不全的治疗原则是促卵泡发育,支持黄体功能。如月经第五天起每日服用妊马雌酮片 0.625 mg,连服 5～7d,或自排卵后开始黄体酮注射液 10 mg 肌内注射,1/d,共 10～14d。

(2)子宫内膜不规则脱落患者可用绒促性素促进黄体功能,从基础体温上升后开始,隔日肌内注射绒促性素注射液(HCG)1 000～2 000U,共 5 次。亦可用孕激素通过反馈作用使黄体及时萎缩,于下次月经前 10～14d 每日服用甲羟孕酮片 10 mg,连服 10d。

第五章　常见儿科急症

一、小儿高热惊厥

1. 诊断要点

(1)多见于6个月至3岁的婴幼儿,4～5岁以上少见。各种非中枢神经系统的急性感染发热均可引起,尤以急性上呼吸道感染多见。突然高热,24小时内体温达39℃以上。惊厥常呈全身性(也有半身性)抽搐,并伴有意识丧失,发作时间短,数秒至数分钟。其前后意识清楚。

(2)无神经系统阳性体征。惊厥发作2周后做脑电图无异常表现。

2. 鉴别诊断　注意与维生素D缺乏性手足搐搦症、脑膜炎、癫痫等相鉴别。

3. 治疗要点

(1)一般治疗:保持呼吸道通畅,头侧位。用牙垫防止舌咬伤。必要时吸氧。

(2)药物治疗

1)止惊:以下药物可交替使用。

【处方1】　地西泮注射液(安定)为首选,0.25～0.5mg/kg,缓慢静脉注射,不超过1mg/分钟,最大剂量

10mg/次,5分钟内生效。

【处方2】 10%水合氯醛溶液50mg/kg,加1～2倍0.9%氯化钠保留灌肠。

【处方3】 苯巴比妥钠注射液5～10mg/kg,肌内注射。新生儿用量要减少,以免引起呼吸抑制。

2)降温

【处方1】 物理降温:冰袋或湿冷毛巾置额部或枕部;30%～50%乙醇擦浴(颈部、腋下、腹股沟和四肢);冷0.9%氯化钠灌肠,婴儿每次100～300ml,儿童每次300～500ml。

【处方2】 药物降温:3个月以内婴儿一般不用药物降温。

①对乙酰氨基酚(扑热息痛)10～15mg/kg,每4～6小时1次,每日可用2～3次。泰诺、百服宁主要成分为对乙酰氨基酚。

②年长儿可选用柴胡或安痛定注射退热。

(3)病因治疗:如有2次以上发作或有家族史应做脑电图进一步检查。

二、小儿肠套叠

1. 诊断要点

(1)多发生于婴幼儿。

(2)主要表现为突然阵发性哭闹、阵痛发作伴呕吐,患儿不肯吮乳或进食,起病后4～12小时可排出果酱样黏液血便。

(3)查体于脐右侧常可触及光滑可移动包块。腹部B超检查纵切面可见套筒征,横切面可见靶环征。

2. 鉴别诊断

(1)细菌性痢疾:多见于夏季,常有不洁饮食史;早期即可出现高热,体温达 39℃ 或更高;黏液脓血便伴里急后重,大便常规见到大量脓细胞,如细菌培养阳性,即可确诊;腹部触不到腊肠样包块;B 型超声见不到肠套叠的典型影像。但偶尔在菌痢腹泻时,因肠蠕动紊乱,可引起肠套叠。

(2)急性坏死性小肠炎:以腹泻为主,粪便呈洗肉水样或红色果酱样,有特殊腥臭气味;高热、呕吐频繁,明显腹胀,严重者吐咖啡样物;全身情况较肠套叠恶化得快,严重脱水,皮肤花纹和昏迷等休克症状。

3. 治疗要点

(1)非手术治疗:主要适用于回盲部急性套叠,常用稀钡灌肠法或空气加压灌肠器使套叠复位。

(2)手术治疗:非手术治疗无效或疑有穿孔者,应即刻手术。手术方法有套叠单纯复位、套叠切除吻合术。

三、幼儿急疹

1. 诊断要点

(1)多见于 6～18 个月小儿,以春秋季节多见。临床特点为:突然起病,随即高热 39℃～40℃,持续 3～5 天,热退后9～12 小时出现皮疹,皮疹呈红色斑疹或斑丘疹,主要分布于躯干、颈部及上肢,几小时内皮疹开始消退,第 2～3 天消失。无色素沉着及脱屑。

(2)起病第一天外周血白细胞计数增加,中性粒细胞占优势,第二天以后白细胞计数明显下降,淋巴细胞比例增加,可达90％。

2. 治疗要点

（1）一般治疗：注意休息，给予足够水分。

（2）对症治疗：高热时物理降温，酌情给予解热镇静药，一般不用抗菌药物，可口服清热解毒中成药。

四、小儿麻疹

1. 诊断要点　1～5岁小儿发病率最高，临床主要表现为发热，上呼吸道炎症，麻疹黏膜斑及全身斑丘疹。典型麻疹可分为4期：

（1）潜伏期：一般为10～14日，亦可短至1周左右。

（2）前驱期：一般为3～4日，表现为低中度发热，咳嗽、流涕、流泪、鼻炎及结膜炎。在发疹前24～48小时出现麻疹黏膜斑（Koplik斑），为直径约1mm的灰白色小点，周围有红色晕圈，黏膜斑在皮疹出现后即逐渐消失，可留有暗红色小点。

（3）出疹期：多在发热后3～4日出现皮疹。体温可突然升高至40℃～40.5℃，皮疹开始为稀疏不规则的红色斑丘疹，见于耳后、颈部且沿着发际边缘，24小时内向下发疹，遍及面部、躯干及全身。此外，可出现全身淋巴结肿大和脾大等，胸部X线检查可见肺纹理增多。

（4）恢复期：出疹3～4日后，皮疹开始消退，消退顺序与出疹顺序相同，退疹后，皮肤可有脱屑及棕色色素沉着，7～10日痊愈。

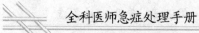

2. 常见小儿出疹性疾病的鉴别诊断表2。

表2　几种常见出疹性疾病的鉴别

疾　病	病　原	症状、体征	皮疹特点	发热与皮疹的关系
麻疹	麻疹病毒	呼吸道卡他性炎症，结膜炎，发热第2～3天出现口腔黏膜斑	红色斑丘疹，自头面部、颈部、躯干、四肢，退疹后有色素沉着及细小脱屑	发热3～4日出疹，出疹期热度更高
风疹	风疹病毒	全身症状轻，耳后、颈后、枕后淋巴结肿大有触痛	自面部、躯干、四肢，斑丘疹，皮疹之间有正常皮肤，退疹后无色素沉着及脱屑	发热后半天至1天出疹
幼儿急疹	人疱疹病毒6型	一般情况好，高热时可发生惊厥，耳后、枕后淋巴结亦可肿大	红色斑丘疹，颈部及躯干部多见，1天出齐，次日消退	高热3～5天，热退疹出
猩红热	乙型溶血性链球菌	高热，中毒症状重，咽峡炎，杨梅舌，环口苍白圈，扁桃体炎	皮肤弥漫充血，上有密集针尖大小丘疹，持续3-5天退疹，1周后指端甚至全身脱屑	发热1～2天出疹，出疹时高热

3. 治疗要点

(1)一般治疗:卧床休息,加强护理,给予易消化、营养丰富的食物,保持空气流通。

(2)对症治疗:高热时可给予小量解热药,烦躁时可适当给予苯巴比妥等镇静药,剧咳时给镇咳祛痰药,继发感染可给予抗生素。同时补充足量的维生素 A。

第六章 常见耳鼻咽喉科急症

一、鼻出血

1. 诊断要点

(1)病史:注意患者既往是否有鼻出血史、诱因及伴随症状等。能引起鼻出血的因素随年龄增长可有变化,儿童常因外伤、挖鼻、异物、急性传染病、血液病;青少年可由鼻咽纤维血管瘤所致;中老年人因高血压、动脉硬化及恶性肿瘤等而发病。

(2)临床表现:鼻出血多为单侧,出血部位常在鼻中隔前下方易出血区,中年人及老年人出血部位常在下甲后缘。双侧出血多见于全身病变。

(3)检查:常规查血压,必要时检查血常规、血小板及出凝血时间。

2. 鉴别诊断

(1)咯血:为喉、气管、支气管及肺部出血后,血液经口腔咯出,常见于肺结核、支气管扩张、肺癌、肺脓肿及心脏病导致的肺瘀血等。可根据患者既往病史、体征及辅助检查予以鉴别。

(2)呕血:是上消化道出血的主要表现之一,当大量呕血时,血液可从口腔及鼻腔涌出,常常伴有消化道疾病的其他症状,全身查体可有阳性体征,应注意鉴别。

3. 治疗要点

(1)一般处理:安慰患者,使患者半卧位,必要时给予镇静药。

(2)止血方法

1)鼻外压迫止血法:出血不严重或临时止血时可首先用拇指和食指捏双侧鼻翼向中隔方向加压,用口呼吸。前额部冷敷。

2)烧灼法:适用于反复小量出血且能找到固定出血点。常用50％硝酸银或50％三氯醋酸,也可用电灼器、微波或激光等方法。

3)填塞法:适用于出血较剧者,渗血面较大或出血部位不明者。用消毒凡士林纱条填塞出血部位或明胶海绵压迫出血灶,亦可用0.9％氯化钠棉片蘸止血药敷压在出血部位。

(3)药物治疗

1)镇静

【处　方】　艾司唑仑片2mg,睡前口服。

2)止血

【处方1】　卡巴克络片5mg,口服,3/d。

【处方2】　酚磺乙胺片250～500mg,口服。

【处方3】　立止血注射液1 000U,肌内注射,2/d。

(4)其他:重症患者应半卧或坐位,保持呼吸道通畅、镇静,治疗原发病,应用止血药物。如病情危重,尽快请专科医师诊治或转院治疗。

二、急性鼻窦炎

1. 诊断要点

(1)临床表现:局部表现为鼻塞、分泌物增多、头痛,发病之初头痛可无规律,表现为弥漫性持续性头痛。全身症状表现为畏寒、发热、食欲减退、便秘、全身不适等。儿童可发生呕吐、腹泻、咳嗽等。

(2)检查:鼻内镜检查可见鼻黏膜充血肿胀,以中鼻甲、中鼻道、嗅裂处明显,相应鼻窦部位常有叩击痛。鼻窦 CT 扫描可清楚显示鼻窦黏膜增厚、鼻窦炎症范围等。

2. 鉴别诊断

(1)流感:起病急,全身症状较重,高热、全身酸痛、眼结膜炎症状明显,但鼻咽部症状较轻。

(2)变态反应性鼻炎:常见变态反应原有花粉、螨虫、鱼虾等,表现为阵发性喷嚏连续性发作(3～5 个,甚至数 10 个),流大量清水样鼻涕,鼻塞。鼻分泌物涂片有大量嗜酸性粒细胞。

(3)急性鼻炎:为急性感染性炎症,主要为病毒感染,许多急性呼吸系统传染病常以鼻炎为其前驱症状,与哮喘之间无相关性。

3. 治疗要点

(1)全身治疗

【处方1】 阿莫西林胶囊 0.5g,口服,1/(6～8)h。

【处方2】 头孢克洛片 250mg,口服,1/8 小时。

【处方3】 0.9%氯化钠 100ml / 青霉素 320～480 万 U 静脉滴注,2～3/d,先

皮试。

(2)局部治疗

【处方1】 1%麻黄碱滴鼻液,滴鼻,3/d。

【处方2】 鼻腔冲洗:冲洗液可选择0.9%氯化钠,0.9%氯化钠+庆大霉素+地塞米松,或0.9%氯化钠+甲硝唑+地塞米松,1~2/d。

(3)理疗:局部热敷或红外线、超短波照射等。

(4)上颌窦穿刺冲洗:应在全身症状消退和局部炎症基本控制后施行。每周冲洗1次,直至再无脓液冲洗出为止。冲洗后可向窦腔内注入抗生素和糖皮质激素混合液。

三、急性会厌炎

1. 诊断要点

(1)起病急,有畏寒发热,体温多在38℃~39℃,多数患者有剧烈的咽喉痛,吞咽时加重,语音不清,一般不出现声音嘶哑。会厌高度肿胀时可引起吸气性呼吸困难,甚至窒息。

(2)间接喉镜检查,可见会厌明显充血、肿胀,严重时会厌可呈球形。如会厌脓肿形成,红肿黏膜表面可见黄白色脓点。

2. 鉴别诊断

(1)单纯喉水肿:起病急,迅速出现喉鸣、声嘶、呼吸困难,甚至窒息。常有喉部异物感及吞咽困难。局部检查可见喉黏膜弥漫性水肿、苍白、表面光亮,杓会厌襞肿胀呈腊肠形,会厌也可肿胀。

(2)急性喉气管支气管炎:起病一般较急,多伴高热,可有声嘶,无吞咽困难,呼吸困难发展一般较快,阵发性咳嗽。局部检查可见声门下黏膜充血、肿胀。

3. 治疗要点

(1)抗感染:早期、足量应用抗生素和糖皮质激素,如氨苄西林、头孢菌素类抗生素、地塞米松等。

(2)气管切开术:如患者有呼吸困难,静脉使用抗生素和糖皮质激素后呼吸困难无改善,应及时行气管切开。

(3)其他:如会厌脓肿形成,可在喉镜下切开排脓。进食困难者,予以静脉补液等支持疗法。

四、急性扁桃体炎

1. 诊断要点

(1)诱因:受凉或劳累后,主要见于 10～30 岁青少年,春秋季多见,主要致病菌为乙型溶血性链球菌。

(2)临床表型:起病急,可有畏寒、发热、咽痛剧烈、吞咽困难,下颌角淋巴结肿大。

(3)检查:扁桃体明显肿胀、充血,隐窝口有黄白色脓点,连接脓点可连成假膜,易于拭去。白细胞计数明显增高,中性粒细胞比例增高。

2. 鉴别诊断

(1)急性咽炎:咽痛,吞咽时疼痛加剧,咽分泌物增多,可伴发热,全身不适。局部检查可见咽部急性充血,腭弓、悬雍垂水肿。

(2)急性喉炎:多继发于上呼吸道感染,发热、畏寒及全身不适。声嘶、咽喉痛,发声时加重。咳嗽痰多,痰为黏脓样,不易咳出。局部检查可见喉部黏膜充血、声带充血、声门下充血和声带边缘肿胀变厚等。

(3)其他:还应与扁桃体周围脓肿、扁桃体肿瘤继发感染等鉴别。

3. 治疗要点

(1)一般治疗:注意休息,多饮水,进流食,增强免疫力。

(2)药物治疗

1)抗感染

【处方1】 青霉素 G 240 万 U ┃ 静脉滴注,1/(4~6)h,先
0.9%氯化钠 100ml ┃

皮试。

【处方2】 头孢呋辛 0.5g,口服,1/12 小时。

【处方3】 头孢呋辛 1.5g ┃ 静脉滴注,1/8 小时,先
0.9%氯化钠 100ml ┃

皮试。

2)解热镇痛

【处方1】 双氯芬酸钠片 25~50mg,口服。

【处方2】 对乙酰氨基酚片 0.5g,口服。

3)中成药

【处方1】 蒲地蓝口服液 10ml,口服,3/d。

【处方2】 板蓝根冲剂 2 包,口服,3/d。

4)局部治疗:复方硼砂溶液、复方氯己定含漱液漱口。

(3)手术治疗:本病反复发作,特别是已有并发症者,应在急性炎症消退后施行扁桃体切除术。

五、急性喉水肿

1. 诊断要点

(1)喉水肿为喉部松弛处的黏膜下有组织液渗出。感染性喉水肿之渗出液为浆液性脓液,变应性、遗传血管性喉水肿之渗出液为浆液性。

(2)发病迅速,尤其变应性、遗传性血管神经性者发展快,常在几分钟内发生喉喘鸣、声嘶、呼吸困难,甚至窒息。喉镜检查见喉黏膜弥漫性水肿、苍白。感染性者可在数小时内出现喉痛、喉喘鸣、声嘶和呼吸困难。喉镜检查见喉黏膜深红色水肿,表面发亮。

2. 鉴别诊断

(1)喉头发紧:可见于服用药品后的不良反应或是某些疾病伴随的自主神经症状等。

(2)喉头痉挛:见于破伤风、狂犬病等。

3. 治疗要点

(1)一般治疗:查出水肿原因,病因治疗。

(2)药物治疗:立即应用足量糖皮质激素,咽喉部喷雾1∶2 000肾上腺素,使水肿尽快消除。随后雾化吸入糖皮质激素及抗生素。感染性者给予足量抗生素,若已经形成脓肿则切开排脓。

(3)其他:有中度喉阻塞者,应及时行气管切开术。

六、突发性耳聋

1. 诊断要点

(1)病因:突然发病,原因不明,患者多有疲劳、情绪紧张史。多数学者认为,病毒感染和急性血管性阻塞是最常见的原因。

(2)临床表现:主要表现为无明显原因的突发听力下降,多为单耳,常伴有耳鸣、眩晕、恶心、呕吐等。近50%患者伴发眩晕、恶心及平衡障碍。

(3)检查:音叉或纯音测听检查为感音性耳聋。以高频区听力下降为主,部分患者或呈低频下降或呈全程听力下降或仅存残余听力。

2. 鉴别诊断

(1)听神经瘤:可能由于肿瘤出血、周围组织水肿等压迫耳蜗神经,引起神经传导阻滞;或因肿瘤压迫动脉,导致耳蜗急性缺血,故可引起突发性感音神经性聋。CT、MRI 等检查有助于诊断。

(2)梅尼埃病:发作性眩晕,呈突发旋转性,伴恶心、呕吐;波动性、渐进性耳聋;耳鸣、耳胀满感。甘油实验、电测听检查有助于诊断。

3. 治疗要点

(1)药物治疗

1)扩血管及改善微循环

【处方1】 复方丹参注射液 10～20ml ┐ 静脉滴注。
0.9%氯化钠 500ml ┘

【处方2】　舒血宁注射液 20ml
0.9%氯化钠 500ml ┤静脉滴注。

【处方3】　金纳多注射液 20ml
0.9%氯化钠 500ml ┤静脉滴注。

2)营养神经

【处方1】　维生素 B_1 注射液 100mg
维生素 B_{12} 注射液 0.1mg ┤肌内注射,1/d。

【处方2】　甲钴胺片 500mg,口服,3/d。

【处方3】　注射用水 2ml
腺苷钴胺注射液 0.5mg ┤肌内注射,1/d。

3)糖皮质激素

【处方1】　泼尼松片 20mg,口服,1/d,共服 4d;15mg,1/d,共服 4d;10mg,1/d,共服 4d;5mg,1/d,共服 4d。

【处方2】　氢化可的松注射液 200～300mg/d,静脉滴注。

4)抗血栓形成剂和纤维溶解剂

【处方1】　血栓通注射液 450mg
5%葡萄糖注射液 500ml ┤静脉滴注,1/d。

【处方2】　葛根素注射液 400～500mg
5%葡萄糖注射液 500ml ┤静脉滴注,1/d。

【处方3】　奥扎格雷钠氯化钠注射液 80mg,静脉滴注,2/d。

(2)其他:高压氧治疗。

200

七、急性化脓性中耳炎

1. 诊断要点

(1)病因及临床表现:多见于冬春季节,常见致病菌为肺炎链球菌、葡萄球菌等,多继发于上呼吸道感染。主要表现为突发耳堵、耳痛、听力减退及耳鸣、鼓膜穿孔后流脓,可伴畏寒、发热、食欲减退等。

(2)辅助检查:①听力检查为传导性聋。②血常规。白细胞计数增高。③耳镜检查。早期鼓膜松弛部充血,锤骨柄及紧张部周边可见放射状扩张的血管。当病情进展时,鼓膜弥漫性充血、肿胀、向外膨出,炎症不能得到及时控制可发展为鼓膜穿孔。

2. 鉴别诊断

(1)外耳道疖:主要症状为剧烈的跳痛性耳痛,张口、咀嚼时加重,常向头部放射。局部检查鼓膜无改变,外耳道软骨部皮肤红肿、触痛,外耳道可见黄白色脓点,无听力障碍。

(2)分泌性中耳炎:主要表现为耳内闷胀感或堵塞感、听力减退及耳鸣,摇头可听见水声。局部检查可见鼓膜内陷,呈琥珀色或色泽发暗,亦可见气液平面或气泡,鼓膜活动度降低。而急性化脓性中耳炎全身症状较重,鼓膜穿孔前可高热不退,耳痛持续,鼓膜弥漫性充血,一旦穿孔便溢液不止。

3. 治疗要点

(1)一般治疗:注意休息,防止上呼吸道感染。

(2)抗生素治疗:及早应用足量抗生素控制感染。常用青霉素、头孢菌素类等药物。

【处方 1】 青霉素 G240 万 U
0.9％氯化钠 100ml ｜ 静脉滴注,1/(4～6)小

时,先皮试。

【处方 2】 头孢呋辛片 0.5g,口服,1/12 小时。

【处方 3】 头孢呋辛 1.5g
0.9％氯化钠 100ml ｜ 静脉滴注,1/8 小时,先

皮试。

【处方 4】 左氧氟沙星注射液 0.4g,静脉滴注,1/d。

(3)局部治疗:可用 3％过氧化氢(双氧水)清洗耳道脓液;用消炎滴耳液如氧氟沙星滴耳剂或 2％氯霉素甘油滴耳剂,滴耳,每日 3 次;鼻内点 1％麻黄碱 0.9％氯化钠可减轻咽鼓管咽口肿胀。

八、呼吸道异物

1. 诊断要点 多见于 5 岁以下小儿,常因口含食物哭笑、惊吓或突然摔倒而发生,有呼吸道进入异物史。根据异物的性质、大小、位置及活动性,表现不同症状。

(1)喉异物:完全阻塞喉部时不能发声,很快发生面色苍白、青紫、窒息。部分梗阻引起咳嗽、声嘶、喘鸣。

(2)气管异物:呛咳、气喘、呼吸困难和异常呼吸声(颈前可听到冲击声门下部拍击声),并能扪到冲击振动感。

(3)支气管异物:咳嗽、气喘、发绀及发热等,吸气性阻塞患侧可见肺不张,呼气性阻塞患侧可见肺气肿,严重者纵隔移位。

(4)其他:做 X 线及直接喉镜和纤维喉镜检查。

2. 治疗要点

(1)将婴儿骑跨并俯卧于抢救者胳臂上,头要低于躯干,抢救者将此手臂的前臂放在自己的大腿上,用另一手掌的根部用力叩击婴儿的肩胛区数次,有可能使异物随咳嗽排出。其他类型患者可参见常用急救技术操作的 Heimlieh 手法(图4)。

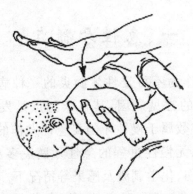

图 4 叩击患儿背部排除呼吸道异物

(2)严重呼吸困难、发绀甚至窒息者应速行直接喉镜、气管镜、支气管镜检查取出异物,或立即做环甲膜穿刺或切开、气管切开。

(3)异物取出后,给予抗感染治疗。

第七章 常见口腔科急症

一、急性牙髓炎

急性牙髓炎作为不可复性牙髓炎的一种病变形式,是引起牙科急性炎症的常见病因,其临床特点是发病急,疼痛剧烈、临床上绝大多数属于慢性牙髓炎急性发作的表现,以龋源性损害较为显著、无慢性过程的急性牙髓炎多出现在牙髓受到急性的物理损伤、化学刺激及感染等情况下。

1. 诊断要点 急性牙髓炎的主要症状是剧烈疼痛,其疼痛的性质及临床表现具有特异性。

(1)自发性和阵发性的剧烈跳痛:患者在无外界刺激因素的情况下,可突然发生剧烈的自发性尖锐疼痛,疼痛呈阵发性发作或阵发性加重状态,可分作持续过程和缓解过程。如果感染牙髓出现化脓症状,患者可有搏动性跳痛主诉。

(2)不能准确定位:患者在疼痛发作时,往往不能准确的指出患牙所在的准确位置。牙髓活力测验,尤其是热刺激测验结果及叩诊反应可用以帮助定位患牙。

(3)放散痛和牵涉痛:急性牙髓炎患者就诊时往往不能准确的指出疼痛患牙所在,但常常出现耳、颞前部或耳后、耳下及下颌部疼痛的症状,但这种放散痛绝不会发生到患牙的对侧区域。

(4)热刺激敏感,冷刺激可以缓解:在临床上常可见到患者含漱冷水进行暂时止痛的现象,在患牙的疼痛发作期,温度刺激可加剧患者的疼痛,冷热刺激均可激发患牙的剧烈疼痛,但若牙髓已有化脓或部分坏死,患牙可表现为"热痛冷缓解"现象。

(5)体位变化可加剧疼痛:大多数患者疼痛往往在夜间发作,或夜间疼痛较白天剧烈,患者常因牙痛难以入眠,或从睡眠中痛醒。

(6)有服用镇痛药史,但效果不一:急性牙髓炎患者在就诊前,往往都存在服用"芬必得""英太青"等镇痛药物的病史,但由于个体差异及病变程度的不同,患者取得的效果也不尽相同。

2. 鉴别诊断

(1)三叉神经痛:三叉神经痛是指在三叉神经分布区域内出现阵发性电击样剧烈疼痛,历时数秒至数分钟,间歇期无症状,可放射到骨和牙齿。

(2)上颌窦炎:上颌窦内的急性炎症可牵涉相应上颌后牙的牙髓神经而引发"牙痛",此时疼痛也可放散至头面部而易被误诊。

(3)急性牙龈乳头炎:急性龈乳头炎是指病损局限于个别牙间乳头的急性非特异性炎症,是一种较为常见的急性病损,临床上患者常以牙痛为主诉而前来就诊,易与牙髓炎相混淆。

3. 治疗要点

(1)局麻下开髓引流,减压止痛:应及时开髓引流以减轻髓腔压力,缓解患牙疼痛。为进一步缓解患者痛苦,通常在局麻下施行无痛技术,常用麻醉药为 2％普鲁卡因或 2％利多卡因,麻醉方法可视牙位和麻醉效果而定。

(2)丁香油棉球开放或封入糖皮质激素类药物:如果由于时间和条件所限无法进行彻底的治疗,可以丁香油棉球开放或封入糖皮质激素类药物。丁香油具有良好的止痛安抚作用,皮质激素类药物具有良好的止血消炎止痛作用。

(3)时间和条件允许时可在局麻下去除牙髓,常规根管治疗:彻底治疗急性牙髓炎的方法是去除感染源,进行有效的根管治疗,杜绝再感染。

(4)消除咬𬌗创伤:对于患牙,应调合磨改使其降低咬𬌗、减轻功能,得以休息,通过磨改,牙髓症状有可能消除。

(5)必要时口服镇痛药或局部注射长效麻醉药:一般可采用口服或注射的途径给予抗生素类药物或镇痛药物,也可以局部注射长效麻醉药进行镇痛。

二、急性根尖周炎

急性根尖周炎是从根尖部牙周膜出现浆液性炎症到根尖周组织形成化脓性炎症的一系列反应过程,是一个病变程度由轻到重、病变范围由小到大的连续过程。在病程发展到高峰时,已是牙槽骨的局限性骨髓炎,严重时还可导致颌骨骨髓炎。

1. 诊断要点

(1)长时间的钝痛,咬𬌗痛:病变初期,患牙只有轻微钝痛,有时患者可诉有咬紧患牙而稍感舒服的症状,当根尖周组织病变未得到及时控制时,患牙出现自发性、持续性的钝痛,咬殆时不仅不能缓解症状,反而因咬殆压力增加了根尖部组织的负担,刺激了神经,引起更为剧烈的疼痛。患者能够指明患牙,疼痛范围局限于患牙根部,不引起放散。

(2)患牙可有伸长感:根尖周膜内渗出物淤积,牙周间隙内压力升高,患者可感到患牙有明显的伸长感,感到患牙与对颌牙早接触。

(3)颊侧黏膜肿胀:当患者急性根尖周炎由浆液期向化脓期发展时,由于根尖区牙周血管扩张、浆液渗出、组织水肿,根尖周膜的组织细胞坏死溶解液化,形成脓液。由于患牙颊侧组织结构较薄弱,脓液可突破骨膜,流注于黏膜下,可见患牙颊侧黏膜肿胀。

(4)活力测试多数为阴性:由于多数急性根尖周炎的患牙牙髓已经坏死,故对患牙的活力测试多数为阴性。

(5)牙周膜腔增宽,尖周阴影:对患者患牙行 X 线检查可发现患牙牙周膜腔增宽,根尖周可出现不同程度的牙槽骨破坏所形成的透影区,呈现尖周阴影。

(6)伴有发热、不适等全身症状:由于组胺、血清素等化学物质的释放,血管通透性增加,炎细胞渗出,患牙根尖水肿、压痛,所属淋巴结肿大,在感染的刺激下,全身抵抗力降低,患牙又没有及时引流,就容易引起发热、不适等全身症状。

(7)服用镇痛药可部分缓解疼痛:对于急性根尖周炎引起的疼痛,由于是因为根尖周膜内渗出物淤积,牙周间隙内压力升高,牙周膜神经受到炎症刺激而引起的,所以在没有及时开髓引流的情况下,服用止痛药只能部分的缓解疼痛,要彻底缓解疼痛就必须开髓引流。

2. 鉴别诊断

(1)急性牙周脓肿:急性牙周脓肿并非独立的疾病,而是牙周炎发展到晚期,出现深牙周袋后的一个常见伴发状况。它是位于牙周袋壁或深部牙周组织的局限性化脓性炎症,一般为急性过程。

(2)心绞痛:临床上有相当一部分患有心脏疾病的患者常以牙痛为主诉前来就诊,故应对患者机体做整体考虑,防止误诊及意外事故的发生。

3. 治疗要点

(1)重点在建立通过根管系统的引流通道:对于急性根尖周炎,首要的是缓解疼痛,患牙浆液期死髓及化脓期,主要矛盾集中在根尖部渗出物或脓液的聚积与扩散,理想的引流方式是人工开通髓腔引流通道,打通根尖孔,使渗出物及脓液通过根管得以引流,缓解根尖部压力,解除疼痛。应急处理时应注意:①局部浸润麻醉要避开肿胀部位,最好行阻滞麻醉。②正确开髓,通过固定患牙减轻患牙疼痛。③用过氧化氢液和次氯酸钠交替冲洗,所产生的泡沫可带走堵塞根管的分泌物。④可在髓室内置一无菌棉球开放髓腔,待急性炎症消退后再做常规治疗。一般在开放引流2～3天后复诊。

(2)颊侧已形成脓肿的可切开排脓:急性根尖周炎在骨膜下或黏膜下脓肿期应在局部麻醉下切开排脓。时机的掌握应该是在急性炎症的第4～5天,局部有较为明确的波动感。当不易判断时,可行穿刺检查,当脓肿位置较深时,可适当扩大切口,放置引流条,每日更换一次,直至基本无脓时撤出。通常髓腔开放可与切开排脓同时进行,切开时机的掌握要视患牙的具体情况所定,不能单纯受时间的限制。

(3)常规调合以减轻患牙的咬𬌗不适:急性根尖周炎浆液期活髓多由外伤引起,应调合磨改使其减少负担,得以休息。必要时可行局部封闭或理疗。通过磨改,牙髓及根尖周症状有可能消除。死髓牙治疗也应常规调合磨改,除缓解症状外,还可以减少纵折的机会。

(4)操作过程中应注意固定患牙:在操作过程中,为减轻患牙疼痛及保护患牙,应尽量减少钻磨震动,并可用手或印模胶固定患牙。

(5)安抚治疗:对于根管外伤和化学药物刺激,应取出刺激物,反复冲洗根管,重行封药,避免外界污染或再感染。如系根管充填引起,应检查根管充填情况,超出根尖孔者,可去除根充料,封药安抚,以后再行充填。

(6)口服抗生素 3 日:在临床治疗中,通常采用口服的途径给予患者抗生素类药物以促进根尖部炎症的消退,减轻全身的不适症状。

(7)必要时口服镇痛药:在由于条件限制不能立即对患牙进行开髓引流治疗时,可先予以患者口服镇痛药,缓解疼痛。

(8)急性期拔牙:无保留价值的急性根尖周炎患牙,应把握时机,立即进行急性炎症期拔牙,经牙槽窝引流,以迅速缓解患者疼痛。为了防止炎症扩散,必须同时采用全身用药,如已形成骨膜下脓肿,以引流为目的的拔牙就非急需,可待急性症状消退后再进行,因为这时尖周部的引流已属次要。

三、急性智齿冠周炎

智齿冠周炎是指智齿(第三磨牙)萌出不全或阻生时,牙冠周围软组织发生的炎症,临床上以下颌智齿冠周炎多见,由于发病位置在口腔深部,患者不易发现牙周病变,常以牙痛主诉就诊。

1. 诊断要点

(1)初期患者自觉患侧后磨牙区胀痛不适,咀嚼、吞咽、开口活动时疼痛加重。

(2)局部可呈自发性跳痛或耳颞神经分布区放射性痛。

(3)可出现不同程度的张口受限,甚至出现"牙关紧闭"。

(4)可有畏寒、发热、头痛等全身症状。

【临床检查】

(1)多数可见智齿萌出不全,可用探针在龈瓣下查出未全萌出的智齿或阻生牙。

(2)智齿周围软组织及牙龈发红,伴有不同程度的肿胀,炎性肿胀可波及腭舌弓和咽侧壁。

(3)龈瓣边缘糜烂,有明显触痛,可从龈袋内压出脓液。

(4)相邻的第二磨牙可有叩击痛。

2. 治疗要点

(1)局部冲洗:可用 0.9% 氯化钠、过氧化氢溶液等反复冲洗龈袋,清除龈袋内食物碎屑、坏死组织及脓液等,冲洗后可在龈袋内放置碘甘油或少量碘酚。

(2)切开引流:如龈瓣附近形成脓肿,应及时切开,并置引流条。

(3)冠周龈瓣切除术:对于有足够萌出位置且牙位正常的智齿,可在局麻下切除智齿冠周龈瓣,以消除盲袋。

(4)其他:下颌智齿拔除。

四、口腔颌面部损伤

（一）窒息

可分为阻塞性和吸入性两种。阻塞性窒息，系指异物（血凝块、碎骨片等）、舌后坠、口底组织水肿或血肿等堵塞呼吸道所致；吸入性窒息，系指将血液、异物、呕吐物等吸入气管或支气管引起的窒息。

1. 诊断要点 初期患者有烦躁不安、出汗、鼻翼翕动、吸气长于呼气或喉鸣音，严重时出现发绀，吸气三凹现象（即锁骨上窝、剑突下及上腹部内陷），呼气浅而速，继而出现脉速、脉弱、血压下降、瞳孔散大，甚至死亡。

2. 治疗要点 关键在于早期发现及时处理，要把急救工作做在窒息发生之前。查出发生窒息的原因，针对原因进行抢救。

（1）阻塞性窒息的急救：用手指或吸引器清除堵塞的异物、血凝块或分泌物，同时改变患者的体位，采用头侧位或俯卧位，以解除窒息。对有舌后坠的患者，可用舌钳夹住舌体或用粗圆针粗线穿过舌中部将舌拉出口外，使呼吸道通畅。对咽部或口底肿胀引起呼吸道梗阻者，可经鼻孔放入鼻咽管以解除窒息，若仍不能解除，可用粗针头行环甲膜穿刺，同时行紧急气管切开术进行抢救。

（2）吸入性窒息的急救：应立即行气管切开术，迅速吸出气管或支气管内的异物或分泌物，以解除窒息。

（二）出血

口腔颌面部血供丰富，损伤后一般出血或渗血较多，致命血管损伤可危及生命。急救时要针对出血的原因、部位和性质采用相应的方法。

1. 压迫止血　该方法简便易行，见效快。

（1）指压法：适用于致命动脉远心端的出血。例如，在耳轮脚前压迫颞浅动脉，嚼肌前缘下颌缘处压迫面动脉，胸锁乳突肌前缘第六颈椎水平压迫颈总动脉，均可获得暂时的、明显的止血效果，然后再采用进一步止血措施。

（2）包扎法：适用于毛细血管、小动脉、小静脉的出血。先将软组织复位，在创面上覆盖纱布，用绷带加压包扎。用力要适当，不要影响呼吸道通畅。

（3）填塞法：适用于开放性的洞穿性损伤。将纱布填塞到创口内，再用绷带加压包扎。颈部和口底的创伤填塞时要注意保持呼吸道通畅，避免压迫气管，以免窒息。

2. 结扎止血　在条件允许的情况下，用止血钳夹住血管断端进行结扎或缝扎。对某些不易找到血管断端的深在伤口，经各种方法处理均不能止血时，应考虑行同侧颈外动脉结扎，以达到控制出血的目的。

3. 药物止血　全身可使用止血药物，如酚磺乙胺（止血敏）、卡络柳钠（安络血）等，协助加速血液的凝固。局部可用止血粉，将其撒在创面上用干纱布加压包扎，可起到较好的止血效果。

(三)休克

休克,是多种原因引起的一种急性循环不全综合征。引起休克的原因虽各有不同,但其病理生理变化一般是相同的。其主要临床表现有血压下降、心率加快、脉搏细弱、全身无力、皮肤湿冷、面色苍白或发绀、静脉萎陷、尿量减少、烦躁不安、反应迟钝、神志模糊、昏迷,甚至死亡。

口腔颌面外伤所导致的休克主要是创伤性休克或出血性休克。创伤性休克的处理原则是镇静、镇痛、止血和补液,以及使用药物协助恢复和维持血压。对失血性休克则应紧急加压输血,补充血容量,以恢复血压并加以维持。

(四)伴发颅脑损伤

口腔颌面部创伤经常伴有颅脑的损伤,如脑震荡、脑挫伤、颅内血肿、脑脊液漏等。可疑伴发颅脑损伤应及时请神经外科会诊给予排除;已确诊伴有颅脑损伤,则颌面部损伤要退居次要地位,除局部止血保持呼吸道通畅外,首先由脑外科处理颅脑损伤,待病情稳定后再处理颌面部损伤,以免危及患者生命。

第八章 常见眼科急症

一、急性卡他性结膜炎

急性卡他性结膜炎为常见的传染性眼病,致病菌多为肺炎链球菌、克-威(Koch-Weeks)杆菌和葡萄球菌等。俗称红眼病。

1. 诊断要点

(1)发病急,双眼同时或先后发病。

(2)自觉流泪、异物感,由于分泌物多,晨起时常因上下睫毛粘在一起,而睁眼困难。

(3)眼睑肿胀,结膜充血,以穹隆部和眼睑结膜为显著,视力正常。

2. 鉴别诊断

(1)病毒性结膜炎:刺激症状明显,有水样分泌物,结膜充血水肿,睑结膜和穹隆结膜可由大量滤泡,可累及角膜,引起明显畏光,流泪,影响视力。可伴有耳前淋巴结肿大及压痛。

(2)急性充血性青光眼:患者因眼压升高致视力下降,患眼胀痛伴同侧头痛,恶心呕吐。球结膜混合性充血,角膜雾浊,前房甚浅。瞳孔散大,直接对光反射消失。晶状体前囊可有乳白色斑点状浑浊。

（3）其他：应注意与急性虹睫炎、流行性出血性结膜炎等鉴别。

3. 治疗要点

（1）养成良好的卫生习惯，不用手揉眼，勤洗手。

（2）局部滴抗生素眼药水如 0.25％氯霉素滴眼液，0.1％利福平滴眼液，0.3％庆大霉素滴眼液，0.3％氧氟沙星滴眼液，10％磺胺醋酰钠滴眼液等，选用其中一至两种，每小时 1次，交替滴眼，睡前可涂抗生素眼膏。

（3）分泌物多时，可用 0.9％氯化钠冲洗结膜囊。

（4）症状消退后，局部仍需滴眼药 1 周，以防止成为慢性结膜炎。

（5）急性患者应隔离，患者用过的脸盆、毛巾等应消毒。

二、细菌性角膜溃疡

细菌性角膜溃疡多因角膜外伤后感染，配戴角膜接触镜护理不当感染所致。年老体弱，营养不良者亦易发生。致病菌常见为肺炎双球菌、金黄色葡萄球菌、铜绿假单胞菌等。

1. 诊断要点

（1）发病急，自觉眼疼痛、畏光、流泪、眼睑痉挛及视力减退。

（2）眼部睫状充血或混合充血。

（3）角膜看见灰白色浸润，其病变迅速扩大形成溃疡，可因细菌毒素引起虹膜睫状体炎。

（4）若为铜绿假单胞菌感染，则病情发展迅猛，角膜浸润很快形成坏死，溃疡处有大量黄绿色黏稠分泌物，前房积脓。

如不及时控制,数天内可导致角膜穿破,眼内容物脱出或发生全眼球炎,视力丧失。

2. 鉴别诊断 应注意与真菌性角膜溃疡相鉴别。

3. 治疗要点

(1)局部可用 0.1%利福平滴眼液、0.3%庆大霉素滴眼液、0.3%诺氟沙星滴眼液等,每小时 1 次,睡前涂金霉素眼膏。若为铜绿假单胞菌感染,加用 0.2%多黏菌素 B 滴眼液,每半小时 1 次。待角膜溃疡控制,可减少滴眼次数。

(2)角膜下注射庆大霉素 2 万单位或多黏菌素 B 5U 等。

(3)1%阿托品眼药水散瞳。

(4)口服维生素 B_2 片 10mg,3/d,维生素 C 片 100～200mg,3/d。

(5)健康指导

1)防止眼外伤,尤其是角膜异物应及时到医院医治。

2)戴角膜接触镜者要重视镜片清洁和消毒,坚持每晚睡前一定要取出镜片。有并发症时,停戴接触镜,立即到医院诊治。

三、电光性眼炎

电光性眼炎是由于眼部受紫外线照射过度,致使蛋白质变性、凝固,破坏核糖核酸合成所引起的角膜、结膜损伤。常见于电焊、紫外线灯、原子弹爆炸后的眼损伤。

1. 诊断要点

(1)症状:中度至重度眼痛、异物感、烧灼感、红眼、流泪、畏光、视物模糊,常有电焊或未戴保护镜史,表现为暴露后 6～

12 小时出现典型症状。

1)主要体征:用荧光素染色,睑裂暴露区角膜点状上皮缺损,可融合成片。

2)次要体征:结膜充血,轻度至中度眼睑水肿,轻度或无角膜水肿。

（2）检查

1)病史:有无电焊史、紫外线照射史等。

2)裂隙灯检查:荧光素染色。

2. 鉴别诊断　注意鉴别为机械性或非机械性外伤,如为机械性伤,则进一步分清眼球挫伤、眼球穿通伤或附属器伤,有无眼球内或眶内、眼睑内异物存留;如为非机械性伤,则应区分是物理性还是化学性伤。

3. 治疗要点

（1）抗生素眼膏如红霉素或杆菌肽,3～4/d。

（2）严重患者眼罩遮盖 24 小时。

（3）根据需要口服镇痛药或 1‰ 丁卡因眼膏涂眼。

四、眼部异物

在日常生活中,灰尘、煤末及小昆虫等可进入眼内。在工作中可能有严重的眼外伤,如爆炸伤等,异物可进入眼球内或眼眶内。

1. 诊断要点

（1）患者自觉眼痛、异物感、畏光、流泪及眼睑痉挛和视力下降等,视受伤严重程度表现不一。

（2）结膜充血或睫状充血。

(3)结膜及角膜异物,在手电照明下检查可见到。

(4)若在眼睑、结膜或角膜有穿通伤口,而未见异物时,应请专科医生进一步检查,以排除眼球内或眶内异物。

2. 治疗要点

(1)工作中加强防护,如戴眼镜,并要按操作规程操作,以避免事故发生。在日常生活中,如有灰尘、煤尘及小昆虫进入眼内,不可用手揉眼。揉眼不但不能使异物出来,反而会使异物更多地摩擦结膜、角膜,加重损伤。此时可以闭眼片刻,等泪液增多时,再慢慢睁开眼,眨眼几下,异物可能被泪液"冲洗"出来。若异物未能出来,应请专科医生检查治疗。

(2)结膜异物,多在上睑板沟处,应翻转上眼睑,用0.9%氯化钠湿棉棍拭去异物,点抗生素眼药水以防感染。

(3)角膜异物或疑为眼球内或眶内异物者,眼部点抗生素眼药水,盖纱垫,立即转请专科医生诊治。

五、虹膜睫状体炎

1. 诊断要点

(1)病程短于6周。

(2)眼部疼痛、畏光、流泪、视力减退。

(3)检查:睫状体充血、瞳孔缩小、房水闪辉、角膜后沉着物(KP)、房水细胞、虹膜改变。

2. 鉴别诊断

(1)急性结膜炎:有自觉流泪、异物感,分泌物多,晨起时常因上下睫毛粘在一起而睁眼困难。眼睑肿胀,结膜充血,以穹隆部和睑结膜为显著,视力正常。房水正常,无角膜后沉着物。

(2)急性闭角型青光眼:急性期眼痛、头痛明显,甚至出现恶心、呕吐,视力明显减退。检查见房角大部分关闭或全部关闭,眼底视盘充血。

3. 治疗要点

(1)散瞳用 1‰阿托品眼液 1 滴,3/d 滴眼;急性期后改用 2‰后马托品滴眼。

(2)0.1‰地塞米松滴眼液 1 滴,3/d。

(3)泼尼松片 40mg,口服,1/d,病情缓解后减量。

六、急性闭角型青光眼

1. 诊断要点

(1)临床表现

1)先兆期:一时虹视、雾视、轻度偏头痛。眼压偏高、瞳孔稍大。

2)急性发作期:多为一眼眼压急剧上升,出现明显的眼痛、头痛、恶心、呕吐等症状,视力高度减退。

(2)检查:球结膜水肿,角膜水肿,雾状浑浊,房水闪辉,虹膜水肿,房角大部分或全部关闭,眼底视盘充血,有出血点。

2. 鉴别诊断

(1)急性结膜炎:有自觉流泪、异物感,分泌物多,晨起时常因上下睫毛粘在一起而睁眼困难。眼睑肿胀,结膜充血,以穹隆部和睑结膜为显著,视力正常。

(2)虹膜睫状体炎:有眼部疼痛、畏光、流泪、视力减退。睫状体充血、瞳孔缩小、房水闪辉、角膜后沉着物(KP)、房水细胞、虹膜改变。一般无全身症状。

3. 治疗要点

(1)1％毛果芸香碱 1 滴,1/15 分钟,瞳孔恢复正常大小时减少用药次数。

(2)乙酰唑胺片 0.25g,口服,1/6 小时,首剂加倍。

(3)20％甘露醇注射液 250ml,静脉滴注。

(4)经药物治疗病情稳定,眼压恢复正常以后可手术治疗。患眼做手术治疗,对侧眼做预防性的周边虹膜切除术。

第九章　常见皮肤科急症

一、急性荨麻疹

1. 诊断要点

（1）常见病因有食物因素（主要为动、植物蛋白）、药物及感染。

（2）起病急，突然发生皮肤黏膜潮红斑或（和）风团，自觉皮肤剧烈瘙痒、灼热感，少数伴发热、头痛、恶心、呕吐、胸闷及呼吸困难等。皮损为大小不等的红色风团，呈圆形、椭圆形或不规则形，开始孤立或散在，逐渐扩大并融合成片。多持续半小时至数小时自行消退，消退后不留痕迹，但新的风团陆续发生，此起彼伏，一日内可重复发作。

（3）血常规有嗜酸性粒细胞增多，若有严重金黄色葡萄球菌感染时，白细胞总数增高或细胞计数正常而中性粒细胞百分比增多，或同时有中毒颗粒。

2. 鉴别诊断

（1）血管性水肿：为慢性、复发性、真皮深层及皮下组织的大片局限性水肿。病因及发病机制与荨麻疹相同，不同点在于血浆是从真皮深部或皮下组织的小血管内皮细胞间隙中渗出而进入到周围疏松组织内而引起。

（2）变应性皮肤性血管炎：皮损呈多形性，但以紫癜、结节、坏死和溃疡为主，可侵及黏膜，发生鼻出血、咯血、便血。部分患者有发热、头痛、乏力及关节痛等全身症状。典型病理改变为白细胞破裂性血管炎。

（3）其他：伴有呕吐、腹泻、腹痛等症状时，应与胃肠炎及某些急腹症相鉴别。

3. 治疗要点

（1）病因治疗：对于病因明确或可疑的要进行病因治疗。

（2）抗过敏和对症治疗

【处方1】 苯海拉明片 25～50mg，口服，3/d；或苯海拉明注射液 20mg，肌内注射。

【处方2】 马来酸氯苯那敏片：成人 12～24mg，小儿 0.4mg/（kg·d），分 3 次口服；或马来酸氯苯那敏注射液 10mg，肌内注射。

【处方3】 异丙嗪注射液：成人 12.5～50mg，小儿0.5～1mg/（kg·d），1/d，肌内注射。

【处方4】 氯雷他定片 10mg，口服，1/d。

【处方5】 西替利嗪片 10～20mg，口服，1/d。

【处方6】 0.1%肾上腺素注射液 0.5～1ml，皮下或肌内注射。适用于严重的急性荨麻疹，尤其是有喉头水肿、过敏性休克患者。

【处方7】 0.1%肾上腺素注射液 0.1～0.5ml｜缓慢静脉
0.9%氯化钠 10ml
注射。

【处方8】 5%葡萄糖注射液 250ml｜静脉滴注。
氢化可的松注射液 200～400mg

(3)其他：喉头水肿、呼吸受阻严重时，及时做气管插管或切开。

二、重症药疹

1. 诊断要点

(1)用药史：发病前使用过的药品，如解热镇痛药、磺胺类药物、抗生素类、镇静催眠药和抗癫痫药，异种血清制剂，以及疫苗、中药等。

(2)临床表现：皮损表现为水肿性鲜红或紫红斑，迅速出现水疱、糜烂、溃疡，可伴有发热、头痛等全身症状。

(3)实验室检查：可有血尿、蛋白尿，转氨酶增高等。

2. 治疗要点

(1)立即停用可疑药品。

(2)【处方1】 抗过敏和对症治疗。

氢化可的松注射液 200～500mg
5％葡萄糖注射液 500ml ｜ 静脉滴注，1/d，共 3d。

【处方2】 氯雷他定片 10mg，口服 1/d。

【处方3】 维生素 C 片 0.2，口服 3/d。

【处方4】 左氧氟沙星片 0.1，口服 3/d。

(3)其他：局部创面用 2％庆大霉素 0.9％氯化钠湿敷。

三、急性湿疹

1. 诊断要点

(1)病因

1)内因:患者的过敏体质是本病的重要发病因素,与遗传有关,可随年龄、环境而改变。神经因素如忧虑、紧张、情绪激动、失眠、劳累等,也可诱发或使病情加重。此外,内分泌、代谢、胃肠功能障碍,感染病灶等因素也与发病有关系。

2)外因:日光、湿热、干燥、搔抓、摩擦、化妆品、肥皂、皮毛、燃料、人造纤维等因素,均可诱发湿疹。某些食物如鱼虾、蛋等可使湿疹加重。

(2)临床表现

1)在早期或急性阶段,临床症状为成片的红斑和丘疹,或是肉眼未见的水疱,严重时出现大片渗液及糜烂。

2)在亚急性状态,渗液减少并结痂,皮损处由鲜红变成暗红,无大片糜烂;在慢性状态,渗液更少或完全干燥且结痂,常与鳞屑混合而成鳞屑痂,皮损处颜色更暗或发生色素沉着。

3)湿疹有多种形态,容易减轻、加重或复发,边界不太清楚。皮疹常对称分布,根据急性或慢性程度而有红斑、丘疹、水疱、糜烂、鳞屑、痂、色素增加或减少、皲裂或苔藓样等不同的表现,多种表现常混杂在一起,先后发生。如有继发性感染,还可有脓疱等皮损。

4)根据急性期皮损原发疹的多形性,有渗出液,瘙痒剧烈,对称发作的特点,做出诊断不难。

2. 鉴别诊断 急性湿疹须与接触性皮炎相鉴别。接触性皮炎:患者有接触史,轻者局部仅充血,境界清楚的淡红或鲜红色斑;重者可出现丘疹、水疱、大疱、糜烂渗出等损害;刺激性强烈者可致皮肤坏死或溃疡;机体高度敏感时,可泛发全身。除瘙痒、疼痛外,少数可有恶寒、发热、恶心、呕吐等全身症状。

3. 治疗要点

(1)避免皮损部位受刺激,避免用手搔抓局部,不用热水或肥皂水清洗局部,更不能用刺激性较强的药物在局部涂抹,不能随便应用激素类药物在局部涂抹,这些都是非常容易使疾病恶化或重新发生的常见因素。

(2)避免食用一些刺激性食物,如葱、姜、蒜、浓茶、咖啡、酒类,以及其他容易引起过敏的食物,如鱼、虾等海味。由于个体差异,不同个体或同一个体的不同时期都有可能出现差异。除饮食方面的因素外,吸入物如花粉、尘、螨及体表的细菌、真菌感染,生活环境的改变及所接触到的各种物质,都有可能成为引起急性湿疹的常见外部原因。体内的病灶,如扁桃体炎、胆囊炎、神经精神因素,内分泌及新陈代谢状况的改变如月经时期、妊娠时期等,都可能成为引起急性湿疹的主要内因。

【处方1】 氯雷他定片 10mg,口服 1/d;维生素 C 片 0.2g,口服 3/d;葡萄糖酸钙片 1g,口服 3/d;左氧氟沙星片 0.2g,口服 3/d。

【处方2】 雷锁辛溶液或炉甘石溶液局部外涂。

四、带状疱疹

1. 诊断要点

(1)发疹前可有轻度乏力、低热、纳差等全身症状,患处皮肤自觉灼热感或者神经痛,触之有明显的痛觉敏感,持续1～3日,亦可无前驱症状即发疹。

(2)病变皮肤出现簇集成群的水疱,沿一侧周围神经呈带状分布。

(3)有明显的神经痛,伴局部淋巴结肿大。

(4)中间皮肤正常。

2. 鉴别诊断

(1)单纯疱疹:好发于皮肤与黏膜交界处,分布无一定规律,水疱较小易破,疼痛不著,多见于发热(尤其高热)病的过程中,常易复发。

(2)接触性皮炎:有接触史,皮疹与神经分布无关,自觉烧灼感、剧痒,无神经痛。

(3)肋间神经痛:在带状疱疹的前驱期及无疹型带状疱疹中,神经痛显著者易误诊为肋间神经痛、胸膜炎及急性阑尾炎等急腹症,需加注意。

3. 治疗要点

(1)抗病毒药物:可选用阿昔洛韦、伐昔洛韦或泛昔洛韦。

(2)神经痛药物治疗:①抗抑郁药主要药物有帕罗西汀(塞乐特)、氟西汀(百忧解)、氟伏草胺、舍曲林等。②抗惊厥药有卡马西平、丙戊酸钠等。③麻醉性镇痛药以吗啡为代表的镇痛药物。可供选择药物有吗啡(美施康定)、羟基吗啡酮(奥施康定)、羟考酮、芬太尼(多瑞吉)、二氢埃托啡等。④非麻醉性镇痛药包括 NSAIDs、曲马多、乌头生物碱、辣椒碱等。

(3)神经阻滞:重度疼痛药物难以控制时即应考虑用直接有效的感觉神经阻滞疗法。阻滞定位的选择应取决于病变范围及治疗反应。总的原则应当是从浅到深,从简单到复杂,从末梢到神经干、神经根。

(4)神经毁损:射频温控热凝术行神经毁损是治疗最为直接有效的方法。神经毁损治疗还包括内侧丘脑立体定向放射治疗(伽马刀或 X 刀)，手术硬脊膜下腔脊髓背根毁损治疗、垂体毁损、交感干神经节毁损等。

第十章　物理损害所致急症

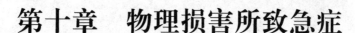

一、中　暑

1. 诊断要点

(1)接触史:有高温不良条件接触史。气温高于35℃,高温同时有高湿,夏天露天作业等。

(2)临床表现

1)先兆中暑:在高热环境下出现头晕、口渴、出汗、乏力、胸闷、心悸,眼花、耳鸣、注意力不集中,动作不协调,体温正常或稍高(<37.5℃)。

2)轻症中暑:除上述症状外,尚有面色潮红,大量出汗、皮肤湿冷、恶心、呕吐、心动过速,体温在38.5℃以上。

3)重症中暑:有上述症状并伴有晕厥、昏迷、痉挛,1小时内不能恢复者。重症中暑分为四级:

①热痉挛。主要表现口渴、尿少,严重者肌肉痉挛及疼痛,腹痛,体温正常。

②热衰竭。主要为失水失钠所引起的周围循环衰竭,临床表现以眩晕晕厥、面色苍白、皮肤湿冷、脉细弱、血压下降为常见。

③热射病。超高热,体温在40℃以上,无汗,神志模糊、嗜

228

睡、谵妄。

④日射病。剧烈头痛、头晕、呕吐、烦躁不安,继而可出现昏迷及抽搐。

2. 鉴别诊断

(1)中毒性细菌性痢疾:夏季多见,突发高热惊厥,甚至呼吸、循环衰竭,粪便镜检可见大量脓细胞及巨噬细胞。

(2)化脓性脑脊髓膜炎或流行性乙型脑炎:脑膜刺激征阳性,脑脊液检查可鉴别。

(3)糖尿病酮症酸中毒昏迷、高渗性昏迷或低血糖昏迷:血及尿酮体检验可鉴别。

3. 治疗要点

(1)一般治疗:立即将患者移到阴凉通风处,饮淡盐水或茶水。

(2)轻症中暑的处理

【处方1】 十滴水、人丹或藿香正气水口服。

【处方2】 体温高时用30%乙醇或凉水擦浴。

【处方3】 针灸合谷、足三里等穴位。

【处方4】 5%葡萄糖盐水1000ml,静脉滴注。

(3)重症中暑的紧急抢救

1)中暑衰竭:失水为主者应扩容,可给予5%葡萄糖0.9%氯化钠。失钠为主者,应予0.9%氯化钠,必要时用升压药。

2)中暑痉挛:重点是补钠离子。

【处方1】 轻症者口服食盐2g/次,连续几次。

【处方2】 5%葡萄糖0.9%氯化钠1000～3000ml,静脉滴注。

【处方3】 10％葡萄糖酸钙注射液 10～20ml,缓慢静脉注射。

3)中暑高热

①物理降温。将患者置于 25℃室温中,头部、腋下、腹股沟大血管处放冰袋,同时用冷水和乙醇擦身。

②药物降温

【处方1】 氯丙嗪注射液 25～50mg
5％葡萄糖注射液 250～500ml ⎬ 静脉滴入,
1～2 小时滴完。

【处方2】 半量冬眠 1 号(哌替啶注射液 25mg、异丙嗪和氯丙嗪注射液各 12.5mg),肌内注射。

③防治心力衰竭。可应用洋地黄类及多巴酚丁胺等强心药。

④防治急性肾衰竭。疑有急性肾衰竭时,应早期静脉滴注甘露醇注射液 250ml 或呋塞米注射液 20mg,无尿及高血钾时宜行血液透析。

⑤对症处理。休克、脑水肿,防治感染和 DIC。纠正水、电解质及酸碱紊乱。

二、电　击

1. 诊断要点

(1)有电击史。

(2)轻者头晕、心悸、四肢肌肉收缩无力、面色苍白;严重者出现昏迷,持续抽搐,心室纤颤,心搏、呼吸停止。

(3)局部有烧伤或深部组织烧焦。

2. 治疗要点

(1)迅速切断总电源或用绝缘体离断电源。

(2)轻者卧床休息,观察血压、脉搏、呼吸及心率,必要时做心电监护和血钾测定。

(3)呼吸停止或微弱而心搏尚存者,立即进行人工呼吸、给氧、气管插管,用呼吸中枢兴奋药。

(4)呼吸、心搏停止者,就地按心脏骤停抢救,有时需持续数小时,直至患者清醒或确定死亡时为止。静脉注射盐酸纳洛酮有利于脑复苏。

(5)休克、脑水肿、肾功能不全、水及电解质紊乱等按有关原则处理。如发现肌红蛋白尿,应静脉输入5%碳酸氢钠注射液以碱化尿液,同时输20%甘露醇注射液,以促利尿。

(6)高压氧对阻断脑水肿,减轻颅内高压的恶性循环是十分有利的。电击伤患者一旦心肺复苏后,只要生命体征平稳,高压氧治疗越早越好。

(7)应用抗生素预防感染。

(8)处理局部烧伤或外伤等。重点检查血管和肌肉的损伤情况,对于大面积肌肉坏死或感染严重,无法修复,严重威胁生命的,应考虑截肢处理。

三、溺　水

1. 诊断要点

(1)病史:有淹溺史。

(2)临床表现

1)轻度:吸入或吞入少量水,神志清楚,血压增高,心率加快。

2)中度:溺水 1～2 分钟,呼吸道因水或呕吐物,或喉痉挛引起剧烈呛咳或窒息,神志模糊,呼吸不整或表浅,血压下降,心率减慢,反射减弱。

3)重度:溺水 3 分钟以上,由于窒息,患者昏迷,面部青紫肿胀,口鼻可充满泡沫,肢冷,血压低,呼吸不整,两肺湿啰音,心音弱。严重者呼吸、心搏停止。

(3)淡水溺水者有血液稀释、血容量增加,出现溶血;海水溺水者肺水肿加重、血液浓缩、血钾增高以致心搏停止。

2. 治疗要点

(1)立即撬开患者口腔,将舌拉出,清除口鼻中的污泥、杂草等,保持呼吸道通畅。

(2)海水溺水时,迅速将患者的腹部置于抢救者屈膝的大腿上,头部向下,随即按压背部,尽快倒出胃、气管内积水。倒水时间不宜过长以免延误复苏,并要防止胃内容物继发误吸。淡水溺水时,不必清除呼吸道内误吸水,淡水为低渗性,会被快速吸收进入循环。倘若怀疑呼吸道异物梗阻时,可施行 Heimlich 手法,解除呼吸道阻塞。

(3)呼吸、心搏停止者,立即按心肺复苏抢救。首要措施是立即口对口人工呼吸,如无循环指征,立即开始胸外按压,出现可除颤心律应立即除颤。必要时气管插管或气管切开,正压给氧或机械通气。抢救时间应适当延长。

(4)呼吸恢复,仍有青紫者给氧及呼吸中枢兴奋药,可选用尼可刹米(可拉明)、洛贝林。

(5)肺水肿者用强心药和利尿药。

【处方1】 毛花苷C注射液（西地兰）0.2～0.4mg 缓慢

10％葡萄糖注射液 20ml

静脉注射。

【处方2】 呋塞米注射液（速尿）20～40mg,静脉注射。

(6)淡水溺水者可引起低钠、低氯、低蛋白血症,应注意补钾、钠、氯等电解质,可静脉滴入3％高渗盐水500ml。但应限制补液量,并用利尿药。海水溺水者应防止高钾、高氯、高钠血症,宜用5％葡萄糖注射液500～1000ml静脉滴注,勿输盐水。注意纠正水、电解质紊乱。

(7)应用抗生素预防感染。

(8)应用肾上腺皮质激素和甘露醇防止脑水肿等。

(9)纠正代谢性酸中毒,可用5％碳酸氢钠注射液100～200ml静脉滴注,根据血气分析情况适时调整。

(10)保暖。

四、冷 冻 伤

1. 诊断要点

(1)病史:有明确的冷暴露史及低体温度（直肠温度＜35℃）。

(2)临床表现

1)全身性冷冻伤:开始时表现为头痛、头晕、四肢肌肉关节僵硬、皮肤苍白冰冷、心搏呼吸加快、血压升高。待血液体温降至27℃以下时,患者反应迟钝,甚至神志不清,出现呼吸抑制和循环衰竭,往往引起死亡。

2)局部性冷冻伤:先有寒冷感和针刺样疼痛,皮肤苍白,

233

继之出现麻木或知觉丧失,其突出的临床表现要复温之后才显露出来。

(3)局部冻伤根据损害程度分为四度:一度:仅及表皮层,可自行消退,不留痕迹。主要特点是充血和水肿,皮肤呈紫红色。复温后出现红肿、刺痛和灼热等症状;二度:达真皮层,不留痕迹。水疱形成,局部疼痛较剧烈,红肿明显;水疱液清,属浆液性;三度:皮肤全层坏死,皮肤发绀,感觉消失,冻区周围出现水肿和水疱;水疱液呈血性。坏死痂皮脱落后,露出肉芽组织,不易愈合;四度:肢体全层,包括肌肉和骨组织坏死。皮肤呈紫蓝色,感觉消失,冻伤区与健康组织交界处出现水疱。2周左右出现坏死的分界线。一般为干性坏疽。

2. 治疗要点

(1)一般治疗:迅速使患者脱离寒冷环境,以防继续受冻。快速复温,如盖棉被、毛毯,用热水袋加温。复温要快,温度不能过高。腹膜透析复温快,尤适用于严重冻伤患者。

(2)重视全身支持疗法,给予抗休克、抗感染、纠正心律失常和酸中毒等。

(3)局部冻伤处理

1)一、二度冻伤:用0.1%苯扎溴铵溶液涂擦,用干软的吸收性敷料做保温包扎。水疱较大者,注射器抽出疱液,再做包扎。

2)三、四度冻伤:按清创步骤用肥皂水擦洗,用无菌温盐水冲洗,取无菌纱布和棉垫保暖包扎。冻肢适当抬高,以利于淋巴和静脉回流。尽量保持清洁和干燥,防止发生湿性坏疽,待分界线明显时再切除痂皮,行植皮或截肢。

五、烧(烫)伤

1. 诊断要点

(1)烧伤面积计算

1)手掌法:以患者自己手掌五指并拢时,手掌加手指面积是体表总面积的 1%。此法适用于小面积烧伤。

2)新九分法:头颈部共为 9%,双上肢共为 18%(2×9%),躯干包括会阴为 27%(3×9%),双下肢包括臀部为 46%(5×9%+1%)。多用于大面积烧伤。

3)儿童法:头、颈面积=9%+(12-年龄)%,双下肢面积=5×9%+1%-(12-年龄)%。

(2)烧伤深度判断 3 度 4 分法。

1)Ⅰ度烧伤:皮肤发红,无水肿,灼痛。

2)浅Ⅱ度烧伤:有水疱,水肿,剧痛。

3)深Ⅱ度烧伤:有或无水疱,水肿明显,疼痛迟钝。

4)Ⅲ度烧伤:无水疱,有黑痂,可见树枝样栓塞血管,无痛。

(3)烧伤严重程度的分类

1)轻度烧伤:总面积小于 10%的Ⅱ度烧伤。

2)中度烧伤:总面积 10%~30%的Ⅱ度烧伤,或Ⅲ度面积小于 10%。

3)重度烧伤:总面积在 30%~50%,或Ⅲ度烧伤面积在 10%~20%,或全身情况严重或已有休克;或有复合伤或合并伤;或有化学中毒;或有吸入性损伤。

4)特重烧伤:总面积在 50%以上,或Ⅲ度烧伤面积在

20%以上。

2. 治疗要点

(1)消除致伤原因

1)火焰烧伤：立即脱去着火衣物并灭火，将伤肢浸入5℃～15℃的冷水中20分钟。

2)热液烫伤、酸碱或化学腐蚀性物质烧伤：立即脱去浸湿衣服，用大量清水长时间冲洗。

3)电击伤：用木棒等绝缘物立即切断电源，灭火，并注意伤者有无呼吸不规则。呼吸停止或心搏骤停时，应立即行人工呼吸和胸外心脏按压等抢救措施。

(2)其他处理

1)清洗消毒后，可根据烧伤部位不同，采用包扎或暴露疗法保护创面。

2)保持呼吸道通畅，吸入性烧伤致呼吸道梗阻时行气管切开，给氧。

3)镇静镇痛。

4)若同时有骨折、大出血、脑外伤等合并伤时，应进行相应的急救处理。

5)早期预防感染，肌内注射 TAT 1 500U，并视情况使用抗生素。

6)有深度创面需入院手术去痂植皮。

六、蜂蜇伤

1. 诊断要点

(1)病史：有被蜂蜇伤史，部分蜇伤的局部留有蜂的蜇针。

（2）临床表现：局部感觉灼痛或刺痛，很快出现红肿或风团，严重者出现水疱、瘀血，偶可致局部组织坏死。全身症状表现为发热、畏寒、头晕、无力、恶心、呕吐等。若头面等重要部位被蜇，尤其是直接刺入血管内或多处同时受蜇时，可引起中毒、休克、抽搐、昏迷、心力衰竭、哮喘、呼吸麻痹等严重全身症状，甚至在数小时或数日内死亡。

2. 治疗要点

（1）一般治疗：立即检查有无遗留蜇针，如有应小心拔出，再用三棱针刺之吸出毒液，用清水或肥皂水冲洗。轻者局部可外用 5％碳酸氢钠或 10％氨水。局部疼痛明显者，可选用 2％普鲁卡因溶液 2～3ml 或 3％盐酸麻黄碱溶液 0.5～1ml，蜇伤处皮下注射，可很快止痛消肿。

（2）全身治疗

【处方1】 氯苯那敏片（扑尔敏）4mg，口服，3/d。

【处方2】 氯雷他定片 10mg，口服，1/d。

【处方3】 盐酸西替利嗪片 10mg，口服，1/d。

【处方4】 泼尼松片首日 20～30mg，口服，逐日递减 5mg 至停药。

【处方5】 出现休克及中毒症状严重者，立即给予 0.1％肾上腺素注射液 0.3～0.5 mg，皮下注射，必要时静脉滴注糖皮质激素。

七、蛇咬伤

1. 诊断要点

（1）局部症状：有牙痕，被咬局部肿胀、疼痛、出血等表现，几小时内可出现瘀点、瘀斑、出血性水疱、坏死。亦可出现干性或湿性坏疽、继发感染。

(2)全身症状:早期可出现头痛、头晕、嗜睡、恶心、呕吐、全身无力等,以后出现神经毒、血循毒、混合毒症状。①神经毒症状。局部症状不明显。全身中毒症状可有视物模糊、眼睑下垂、声音嘶哑、言语吞咽困难、流涎、共济失调、牙关紧闭等,严重者肢体软瘫、惊厥、昏迷、休克、呼吸麻痹。②血循毒症状。局部症状明显,有剧痛、肿胀,伴出血、水疱、组织坏死、淋巴结肿痛。全身症状有畏寒、发热、恶心、呕吐、心悸、烦躁不安、谵妄、血压下降、血尿、少尿无尿、心律失常等。

2. 治疗要点

(1)结扎防止毒素扩散:毒蛇咬伤后,立即在肢体近心端结扎止血带,以阻挡静脉血液回流,每隔 20 分钟放松止血带 1～2 分钟。

(2)清创

1)冲洗:用 1:5 000 高锰酸钾溶液冲洗伤口后,于伤口牙痕处做"十"字切开,深达皮下组织。

2)排毒:反复挤压、抽吸排出毒液。

3)湿敷:彻底排毒后,0.9%氯化钠或 1:2 000 高锰酸钾或 1:5 000 呋喃西林溶液湿敷,以利于毒液继续排出;如伤口已发生坏死、溃烂,可用 0.1%胰蛋白酶溶液湿敷。

(4)封闭:可用胰蛋白酶 2 000mg 加入 0.25%～0.5%普鲁卡因注射液 20～60ml 中,在伤口周围做局部浸润注射,并在伤口上方2～3cm 处做环形封闭注射,胰蛋白酶可破坏蛇毒毒素中的蛋白质成分,用药前可先肌内注射异丙嗪注射液 25mg 或静脉注射地塞米松注射液 5～10mg,防止过敏反应。

（3）解毒药物

【处方1】 抗蛇毒血清 10ml
5％葡萄糖注射液 60～80ml｜缓慢静脉滴注

（必要时4～6小时可重复给药，使用前需做皮试，皮试阳性者应常规脱敏）。

【处方2】 常用中草药：七叶一枝花、半边莲、八角莲、山梗菜、三叶鬼针草、鸭跖草等，有清热解毒、止痛消肿及散瘀作用。

【处方3】 常用中成药：季德胜蛇药、吴江蛇药、红卫蛇药等。

（4）对症支持治疗：吸氧、补液、预防感染等。

第十一章　中毒急症

一、一氧化碳中毒

1. 诊断要点

(1)病史:有发生一氧化碳中毒的可能,如冬日室内用煤炉取暖、生产过程中有防护不周或通风不良等情况。

(2)临床表现:轻者头晕、头痛、无力、心悸、恶心、呕吐、站立不稳;严重者皮肤、口唇及两颊呈樱桃红色,以及抽搐、大小便失禁、昏迷、血压下降、呼吸及心率加快。

(3)实验室检查:碳氧血红蛋白(HbCO)定性阳性。轻度:HbCO 含量 10%～30%;中度:HbCO 含量 30%～50%;HbCO 含量 50%以上。

2. 治疗要点

(1)脱离中毒环境:将患者移至空气新鲜通风良好处,注意保暖。

(2)高流量吸氧:给予 100%纯氧吸入,条件允许给予高压氧治疗,有助于 HbCO 解离,促进 CO 清除。

(3)药物治疗

1)防治脑水肿

【处方1】
呋塞米注射液（速尿）20mg
50％葡萄糖注射液 20ml ｜静脉注射。

【处方2】 20％甘露醇注射液 250ml,静脉滴注。

【处方3】
地塞米松注射液 10～20mg
0.9％氯化钠 100ml ｜静脉滴注。

2)控制抽搐

【处　方】 地西泮注射液（安定）10～20mg,静脉注射。

3)促进脑细胞代谢

【处　方】
5％葡萄糖注射液 500ml
三磷腺苷注射液 40mg
辅酶A注射液 100U
胞磷胆碱注射液 1 000mg ｜静脉滴注,1/d。

二、有机磷中毒

1. 诊断要点

(1)病史:有有机磷毒物接触史。患者的呕吐物、呼吸道分泌物及体表有蒜臭味。

(2)临床表现

1)轻度中毒:有轻度毒蕈碱样症状,表现为头痛、头晕、多汗、流涎、恶心、呕吐、烦躁、视物不清。

2)中度中毒:出现典型的毒蕈碱样和烟碱样症状,除上述症状加重外,并有肌颤、瞳孔缩小、腹痛、腹泻、流涎、大汗、精神恍惚。

3)重度中毒:除上述表现外,出现中枢神经系统受累和呼吸、循环衰竭的表现。患者瞳孔针尖大小、大小便失禁、昏迷。

(3)实验室检查:胆碱酯酶活力下降。轻度中毒:胆碱酯酶活力降至 50%～70%(正常 80%);中度中毒:胆碱酯酶活力降至 30%～50%;重度中毒:胆碱酯酶活力降至 30%以下。

2. 治疗要点

(1)迅速清除毒物,阻止未吸收毒物继续吸收:及早、反复、彻底用苏打水洗胃;用清水或肥皂水清洗被污染的皮肤、毛发;用 0.9%氯化钠冲洗被污染的眼部,滴入 1%阿托品滴眼液 1～2 滴。

(2)对症支持治疗:吸氧,保持呼吸道通畅,及时清理分泌物;维持水、电解质平衡;严重者用激素;抽搐者给地西泮注射液(安定)5mg 肌内注射;脑水肿者用脱水药;预防感染;昏迷患者给予导尿。

(3)解毒药的使用

1)阿托品和莨菪碱类:能有效阻断毒蕈碱样作用和解除呼吸中枢抑制的有效药物。阿托品用量按轻、中、重中毒首量分别为 2mg、3～5mg、6～10mg 肌内注射或静脉注射。必要时,间隔 15～30 分钟可重复 1 次。根据有无异常分泌、体温、脉搏调整用量,与传统的阿托品化相比,阿托品用量减少,病程明显缩短,病死率明显下降。山莨菪碱在改善微循环、减少分泌物,调解体温方面优于阿托品,且无大脑兴奋作用故推荐应用。

2)肟类复能剂(与阿托品合用):能使抑制的胆碱酯酶复能,消除烟碱样作用。应及早、足量、重复应用。例如,氯磷定注射液首剂 15～30mg/kg 静脉注射,可在 5 分钟内达到有效血浆浓度 4mg/L,并维持 6 小时。首剂后 2～4 小时以 500mg/h维持到症状消失,血胆碱酯酶活力稳定在正常值 50％以上。氯磷定注射液可肌内注射,不与血浆蛋白结合且肝代谢快,在体内无积蓄作用,是当今治疗有机磷农药中毒首选。对于敌敌畏、敌虫、乐果等对肟类复能剂疗效差,则以阿托品类治疗为主。

(4)血液净化技术:在治疗重症有机磷中毒中具有显著疗效。可选用血液灌流加血液透析。

三、急性酒精中毒

1. 诊断要点

(1)病史:有过量饮酒史,呼气及呕吐物有乙醇气味。

(2)临床表现

1)兴奋期:当血酒精含量在 200～990mg/L 时,患者出现面色潮红或苍白,眼球结膜充血,眩晕,欣快多语,可有呕吐及上消化道出血。

2)共济失调期:此时血酒精含量可达 1 000～2 999mg/L,患者出现步态不稳、动作笨拙、语无伦次、说话不清。

3)昏睡期:此时血酒精含量可达 3 000mg/L 以上,患者可有大小便失禁、瞳孔散大、昏睡,严重者昏迷,出现潮式呼吸(陈-施呼吸);可出现呼吸和循环衰竭。

2. 治疗要点

(1)一般治疗:轻症仅需静卧、保暖,可饮浓茶;饮酒过多并于短期内来诊者,应催吐和洗胃。洗胃液可用 1％盐水、1％碳酸氢钠或 0.5％药用炭混悬液。洗胃后可由胃管注入浓茶。

(2)药物治疗

【处方1】 纳洛酮注射液 0.4～1.2mg,静脉注射。

【处方2】 0.9%氯化钠 100ml $\left.\right\}$静脉滴注。
洛赛克注射液 40mg

【处方3】 10%葡萄糖注射液 500ml
普通胰岛素 12U
维生素 C 注射液 2.0g $\left.\right\}$静脉滴注。
维生素 B_6 注射液 0.1g
维生素 B_1 注射液 0.1g

(3)对症处理脑水肿、肺水肿等:过度兴奋和惊厥者,可用地西泮注射液(安定)5～10mg 肌内注射;呼吸抑制用呼吸兴奋药尼可刹米、洛贝林,给氧;昏睡者可用中枢兴奋药苯甲酸钠咖啡因注射液 0.25～0.5g 肌内注射,哌甲酯注射液(利他林)20～40mg 肌内注射。

(4)其他:上述治疗无效的危重病例可血液透析治疗。

四、安眠镇静药中毒

1. 诊断要点

(1)病史:有大量服用安眠镇静药史。

(2)临床表现:意识障碍、瞳孔缩小、肌肉松弛、腱反射减弱,呼吸浅慢或不规则,体温低,脉弱,血压下降。

(3)实验室检查:胃内容物及尿液可测定中毒的药物。

2. 治疗要点

(1)一般治疗:立即用 1∶5 000 高锰酸钾溶液或温水彻底洗胃。

（2）药物治疗

1）药用炭吸附与导泻：一般取 50～100g 药用炭制成 25％的混悬液，于洗胃后使用。导泻不宜用硫酸镁，因硫酸镁可加重中枢抑制，心律失常和肾衰竭，用硫酸钠 30g，口服或胃管注入。

2）输液、利尿、碱化尿液、排泄毒物

【处方 1】

10％葡萄糖注射液 500ml	
维生素 B$_1$ 注射液 20mg	静脉滴注。
10％氯化钾注射液 10ml	

【处方 2】　20％甘露醇注射液 250ml，快速静脉滴入。

【处方 3】　呋塞米注射液（速尿）40～80mg，静脉注射。

【处方 4】　5％碳酸氢钠注射液 100～200ml，静脉滴注。

3）特效解毒药的应用：氟马西尼是苯二氮䓬类拮抗药，可给予 0.5mg 静脉注射，必要时重复给药，总量可达 2mg[包括氯氮䓬（利眠宁）、地西泮（安定）、硝西泮（硝基安定）、氟西泮（氟安定）、阿普唑仑、三唑仑等中毒]。

4）昏迷或呼吸抑制

【处方 1】

| 0.9％氯化钠 500ml | |
| 尼可刹米注射液 1.125～1.875g | 静脉滴注。 |

【处方 2】　纳洛酮注射液 0.4～1.2mg，静脉注射。

5）周围循环衰竭：给低分子右旋糖酐，5％葡萄糖生理盐水、血浆或全血。血压仍低者，酌情选用间羟胺（阿拉明）或去甲肾上腺素（正肾素）。

（3）其他：严重中毒者应行血液透析治疗。

五、灭鼠药中毒

灭鼠药是指用于杀灭家鼠、仓鼠及田鼠等鼠类的药物,对人、畜均有毒性。种类繁多,主要有抗凝血杀鼠剂、致痉挛剂、有机磷酸酯类、氨基甲酸酯类等。

(一)抗凝血杀鼠剂中毒

1. 诊断要点

(1)有鼠药误服、自服史。

(2)中毒后早期出现恶心、呕吐、腹痛、头晕、乏力等症状,3～5日后出现出血症状,轻者往往在损伤处如创口、刷牙后渗血等,重者可自发性全身性出血如皮肤出血点、瘀斑、鼻出血、咯血、便血、尿血、阴道出血等,甚至可因内脏大出血或颅内出血而致死。可伴有关节疼痛、低热等。

(3)血凝血时间延长、凝血酶原时间延长;凝血因子Ⅱ、Ⅷ、Ⅸ、Ⅹ等活动度下降;可疑食物、胃内容物、血中检出有关毒物。

(4)除外其他引起出血的疾患如血友病、血小板减少性紫癜、DIC等。

2. 治疗要点

(1)清除毒物:及早催吐、洗胃、导泻。

(2)特效解毒剂

【处方1】 维生素 K_1 注射液 10～20mg,肌内注射或静脉注射,2～3/d。

【处方 2】 维生素 K₁ 注射液 120mg
5％葡萄糖注射液 500ml ｜ 静脉滴注（适用于

症状严重者,每日用量可达 300mg,连续用 7～14d）。

(3)对症及支持治疗:补充凝血因子,重症患者可输新鲜血、血浆、冷沉淀或凝血酶原复合物等,同时可用糖皮质激素及大剂量维生素 C 等。

(二)毒鼠强中毒

1. 诊断要点

(1)病因:有鼠药接触史,人误服、自服被毒鼠强毒死的禽、畜肉可导致二次中毒发生。

(2)临床表现

1)神经系统:以阵发性、强直性抽搐、惊厥为主要表现,每次抽搐持续 1～10 分钟,每天发作可达数十次,严重者呈癫痫持续状态,可致呼吸衰竭而死亡。部分患者可伴有精神症状。

2)消化系统:恶心、呕吐、上腹部烧灼感、腹痛等,严重者出现呕血。

3)循环系统:心悸、胸闷、各种心律失常等。

4)呼吸系统:呼吸加快、呼吸困难、口唇发绀,严重者出现肺水肿、咯血、呼吸衰竭等。

(3)辅助检查:脑电图异常;心电图可出现窦性心动过缓或过速、ST-T 异常、QT 间期延长等;心肌酶升高;肝功能异常,主要表现为转氨酶升高。

2. 治疗要点

(1)清除毒物:及早催吐、洗胃、导泻。

(2)控制抽搐:是抢救成功的关键,一般苯巴比妥钠和地西泮联用。

【处方1】 苯巴比妥钠注射液 0.1～0.2mg，肌内注射。1/(6～8)小时。

【处方2】 地西泮注射液首剂 10mg，静脉注射，以后酌情泵入或静脉注射，以控制抽搐为度。

(3)血液净化治疗：血液净化特别是反复血液灌流可加速毒鼠强的排除，减轻中毒症状。

(4)解毒药：目前尚无特效解毒药，二巯基丙磺酸钠和大剂量维生素 B_6 可能有效。

六、亚硝酸盐中毒

1. 诊断要点

(1)有食用硝酸盐或亚硝酸盐含量较高的腌制食品、腐烂蔬菜或误食工业用亚硝酸盐史。

(2)轻者头痛、头晕、恶心、呕吐伴口唇、面部及全身皮肤青紫、呼吸困难，严重者肺水肿、心律失常、血压下降，甚至昏迷、呼吸和循环衰竭。

(3)血液中高铁血红蛋白增高。

2. 治疗要点

(1)一般治疗：保持呼吸道通畅、吸氧，重症者可行气管插管、呼吸机辅助呼吸。

(2)清除残留毒物：催吐、洗胃、导泻、利尿等。

(3)治疗高铁血红蛋白血症

【处方1】 $\begin{vmatrix} 5\%葡萄糖注射液 500ml \\ 维生素 C 注射液 2～3g \end{vmatrix}$ 静脉滴注。

【处方 2】 25％葡萄糖注射液 20～40ml 亚甲蓝注射液 1～2mg/kg 　缓慢静脉注射

(10～15 分钟),必要时 2～4 小时可重复。

(4)对症与支持治疗:抗休克,纠正心律失常,防治肺水肿或呼吸衰竭,维持水电解质、酸碱平衡。

(5)高压氧治疗。

七、毒蕈中毒

1. 诊断要点

(1)胃肠毒型:潜伏期 6～30 小时,主要表现为恶心、呕吐、剧烈腹痛、腹泻。腹痛多为阵发性上腹部或脐周痛,水样便,体温不高,经适当对症处理后即可迅速恢复。一般病程 2～3 日,死亡率低。

(2)神经型:潜伏期 1～6 小时,除胃肠道症状外,主要为副交感神经兴奋表现,如流涎、流泪、多汗、瞳孔缩小、脉缓等,严重者可发生肺水肿和昏迷。

(3)精神失常型:主要表现为误食后产生精神症状,引起幻觉、视物模糊、色觉异常、手舞足蹈、躁动谵妄等,1～2 日可自行恢复。

(4)溶血型:潜伏期多为 6～12 小时,除消化道症状外,可有溶血性贫血、黄疸、肝脾大,少数患者出现血红蛋白尿,严重者急性肾衰竭。

(5)肝肾损害型:此型中毒最严重,按其病情发展可分为 6 期。

1)潜伏期:一般为误服后 10～24 小时,也可短至 6～7 小时。

2)胃肠炎期:出现恶心、呕吐、脐周痛、水样便腹泻,多在1～2日后缓解。

3)假愈期:胃肠炎症状缓解后暂时无症状,或仅感乏力、食欲差等,但此时毒肽已进入内脏,肝损害已开始。轻度中毒者肝损害不严重,可由此进入恢复期。

4)内脏损害期:严重中毒患者在发病2～3日出现肝、肾、脑、心等内脏损害,以肝损害最严重,可出现肝大、黄疸、肝功能异常,严重者出现肝坏死、肝性脑病。肾实质受损,可出现少尿、无尿或血尿,导致肾衰竭。

5)精神症状期:多数患者继内脏损害后,出现烦躁不安、表情淡漠、嗜睡,继而出现惊厥、昏迷,甚至死亡。

6)恢复期:经及时治疗后的患者在2～3周后进入恢复期。

2. 鉴别诊断　应与急性胃肠炎、菌痢或其他急性中毒相鉴别,关键确定进食毒蕈史。对假愈期或潜伏期要特别警觉,注意监护,不可轻视。

3. 治疗要点

(1)清除毒物:催吐、洗胃、导泻。

(2)药物治疗

【处方1】　阿托品注射液0.5～1mg,肌内注射,可重复给药,适用于解除毒蕈碱样症状。

【处方2】　5％一巯基丙磺酸钠注射液5ml,肌内注射,2/d,连用5d。适用于毒帽蕈中毒。

【处方3】　短程大剂量皮质激素,如地塞米松注射液20～40mg/d,静脉注射。

（3）对症支持治疗：补液、利尿、促使毒物排除，纠正水、电解质与酸碱失衡，保护心、肝、肾、脑等重要器官的治疗。

（4）其他：透析疗法。

八、胃肠型细菌性食物中毒

胃肠型细菌性食物中毒多发生于夏秋季，有进食被污染的食物史。常见的病原体有沙门菌、副溶血性弧菌、葡萄球菌、大肠埃希菌、变形杆菌、蜡样芽胞杆菌等。本病往往呈突然发病，潜伏期短，多在进食 24 小时内发病，病程较短，多数在 2～3 日自愈。临床上主要以恶心、呕吐、腹痛、腹泻等急性胃肠炎表现为主要特征。

（一）葡萄球菌食物中毒

1. 诊断要点

（1）以夏秋两季发病为多，有进食可疑的污染食物或集体发病史。引起中毒的食物常见为淀粉类食品（如隔夜剩饭、糕点、米面）、乳及乳制品、肉、鱼及蛋类等。

（2）潜伏期短，一般为 2～5 小时，极少超过 6 小时。起病急骤，有恶心、呕吐、中上腹痛和腹泻，以呕吐最为显著，腹泻较轻，多为水样便或黏液便。剧烈吐泻可致虚脱、肌痉挛及严重失水等现象。体温多正常或略高，病程短，一般在数小时至 1～2 日。呕吐物直接涂片染色，显微镜下可见大量葡萄球菌。可疑食物或呕吐物培养，可发现大量血浆凝血酶阳性的金黄色葡萄球菌，肠毒素试验阳性，食物和呕吐物所分离出者为同一血清型。

2. 鉴别诊断

(1)非细菌性食物中毒:其病因多为化学性或生物性,潜伏期更短,除胃肠炎表现外多有神经系统与肝肾功能损害的表现。可疑中毒食物、呕吐物或粪便可检出毒物。

(2)霍乱:多先泻后吐、吐泻严重,呕吐常为喷射性或连续性,典型可见米泔水样呕吐物及大便。常无腹痛,患者迅速出现脱水和微循环衰竭,大便悬滴镜检或培养可检出霍乱弧菌。

(3)急性细菌性痢疾:多见于夏秋季,主要临床表现有腹痛、腹泻、里急后重和黏液脓血便,可伴有发热及全身毒血症症状,严重者可有休克和中毒性脑病。血常规白细胞总数轻至中度升高,中性粒细胞增高,大便镜检有大量脓细胞和红细胞,粪便培养可检出致病菌。

3. 治疗要点

(1)一般治疗:卧床休息、保暖、饮食调节、严重者洗胃、导泻。

(2)药物治疗:一般不需用抗生素。严重者可选用苯唑西林、头孢唑林或氟喹诺酮类等。例如:

【处方1】 头孢唑林钠 1～2g
0.9%氯化钠 100ml 静脉滴注,2/d。

【处方2】 左氧氟沙星注射液 0.2～0.4g,静脉滴注,2/d。

(二)沙门菌属食物中毒

1. 诊断要点

(1)病史:同一人群,在相近的时间内,进食同一可疑食物史或流行病学调查证实病原菌为沙门菌。细菌常通过肉、蛋、家禽、西红柿、甜瓜等食物传播。

(2)临床表现:潜伏期一般 4～12 小时,可为 2 小时至 3 日不等,脓毒症型和类伤寒型可达 1～2 周。病初以发热、头痛、胃肠道症状为主,兼有其他症状,临床表现多样,可分为 5 种类型。

1)急性胃肠炎型:主要表现为恶心、呕吐、腹痛、腹泻等。体温正常或升高,可伴头晕、头痛、肌肉痛,少数出现皮疹。排便每日 3～5 次至数十次,水状或黄稀便,少数患者可有脓血便,有恶臭。吐泻严重者可致脱水、酸中毒。此型多见,大部分患者症状较轻,1～2 日即可恢复。

2)类伤寒型:多持续高热,症状类似伤寒,可有相对缓脉、头痛、全身无力、肌痉挛及神经系统功能紊乱,肠穿孔及肠出血很少发生。病程较伤寒短,为 10～14 日,而复发性则较高。

3)脓毒血症型:常见于儿童或有慢性病患者。有高热、寒战、出汗及程度不等的胃肠症状。热型不规则,呈弛张热或间歇热,持续 1～3 周不等。常见并发症为化脓性感染,其次为支气管肺炎。

4)类霍乱型:呕吐、剧烈水泻,可迅速出现严重脱水,体温较高。重者表现有周围循环衰竭、昏迷、抽搐、谵语等。此型病情危重,发展迅速,病程 4～10 日。

5)类感冒型:发热、畏寒、全身不适或疼痛、鼻塞、喉炎等表现,伴或不伴胃肠炎症状。

(3)辅助检查:早期血培养、可疑食物及患者粪便或呕吐物中分离出同一血清沙门菌。发病 1 周后,血清凝集效价增高;每周测定,如效价增高 4 倍以上,对诊断更有意义。

2. 治疗要点

(1)一般治疗:中毒后立即催吐,以 0.05% 高锰酸钾溶液反复洗胃。中毒时间较长,可给硫酸镁 15～30g 导泻。

(2)药物治疗

1)补液、纠正水、电解质及酸碱平衡紊乱。多饮用糖盐水、淡盐水。

2)抗感染:轻症者无须使用抗生素。严重者应及时选用有效抗菌药物。

【处方1】 氧氟沙星胶囊 0.2g,口服,3/d。

【处方2】 氯霉素片,成人 1～2g,儿童 25～40mg/kg,分 3～4 次口服。

3)对症支持治疗:腹痛、呕吐严重者,可给予阿托品注射液 0.5mg,肌内注射;烦躁不安者给予镇静药;高热者用物理降温或解热药等。

(三)副溶血性弧菌食物中毒

1. 诊断要点

(1)多在夏秋季发生于沿海地区,有进食腌渍食品、海产品等可疑食物,集体发病。

(2)潜伏期最短 1 小时,最长 4 日,一般 6～20 小时。起病急骤,常有腹痛、腹泻、呕吐、失水,可伴畏寒与发热。腹痛多呈阵发性绞痛,常位于上腹部、脐周或回盲部。腹泻每日 3～20 余次不等,大便性状多样,多为黄水样或黄糊便,少数呈典型的血水或洗肉水样便,部分可有脓血便或黏液血便,但少有里急后重感。

(3)粪便镜检可见白细胞,常伴红细胞。粪便培养可检出副溶血性弧菌。

2. 治疗要点

（1）支持及对症治疗：休息，补液，纠正水、电解质、酸碱失衡。腹痛明显者予以阿托品或山莨菪碱等解痉镇痛药对症治疗。

（2）抗菌药物治疗：轻症患者不需用抗菌药物。病情较重且伴有高热或黏液血便者可给予氟喹诺酮类、庆大霉素、阿米卡星等抗生素。

（四）大肠埃希菌食物中毒

1. 诊断要点

（1）病史：有进食污染菌食物史。

（2）临床表现：①急性胃肠炎型。主要由产肠毒素性大肠埃希菌（ETEC）所引起。潜伏期可短至数小时。以突发的水泻起病，常伴呕吐，一般无发热。腹泻轻重不一，重者如霍乱。粪便没有血或炎症细胞。吐泻严重者可发生中至重度脱水，乃至周围循环衰竭。②急性菌痢型。主要由肠道侵袭性大肠杆菌（EIEC）引起。表现为血便、黏液脓血便，伴里急后重、腹痛、发热，体温 $38℃\sim40℃$，部分患者有呕吐。

（3）辅助检查：粪便分离培养可见大肠埃希菌生长。

2. 治疗要点

（1）一般治疗：催吐、洗胃，洗胃后给予 $30\sim50g$ 混悬液灌入吸附毒素。同时用甘露醇或硫酸镁导泻。

（2）病原治疗：抗菌药物首选氟喹诺酮类，亦可选用庆大霉素、阿莫西林等。儿童经验性推荐用阿奇霉素 $10mg/(kg \cdot d)$，连用 $2d$。

(五)变形杆菌食物中毒

1. 诊断要点

(1)病史:有进食污染菌食物史。

(2)临床表现:①侵入型。潜伏期一般为 3~20 小时,骤起腹痛,继而腹泻,重型患者的水样便中伴有黏液和血液,体温38℃~40℃。一般恢复快,多在 1~3 日痊愈。②毒素型。潜伏期短,病程短,可表现为恶心、呕吐、腹泻、头痛、全身乏力、肌肉酸痛等。③过敏型。莫根变形杆菌具有脱羧基反应,可使新鲜鱼、虾肉的组氨酸脱羧形成组胺,可引起过敏性组胺中毒。潜伏期很短,30 分钟左右即可发病。可发生颜面潮红、荨麻疹、刺痛感、头痛等过敏症状,一般不发热。病程数小时至1~2 日。

(3)辅助检查:粪便培养变形杆菌阳性;血清凝集抗体升高。

2. 治疗要点

(1)病原治疗:重症患者选用抗生素治疗,可用氟喹诺酮类、阿米卡星、氨苄西林等,症状消失后停药。

(2)抗过敏治疗:有过敏反应者以抗组胺药物治疗为主,必要时加用糖皮质激素。

九、神经型细菌性食物中毒

1. 诊断要点

(1)有进食可疑被污染的食物,特别是火腿、腊肠、罐头或瓶装食品史,同餐者可集体发病。

(2)潜伏期一般为 12～36 小时,可短至 2 小时,长者达 10 日,潜伏期越短,病情越重。起病突然,以神经系统症状为主,胃肠炎症状很轻或完全缺如。主要表现为全身乏力、软弱,头痛、头晕或眩晕,神志始终清楚,继而视物模糊、眼肌瘫痪,重者出现呼吸肌、吞咽肌瘫痪。婴儿肉毒中毒者的首发症状是便秘,随后迅速出现脑神经麻痹,很快因中枢性呼吸衰竭突然死亡,是婴儿猝死的原因之一。

(3)对可疑食物及粪便做厌氧菌培养,可发现肉毒杆菌,检出外毒素可确诊。脑脊液检查正常。

2. 鉴别诊断

(1)河豚或毒蕈中毒:有进食河豚或毒蕈史。河豚或毒蕈中毒亦可出现神经麻痹症状,但主要为指端麻木及肢体瘫痪。肉毒中毒主要为脑神经麻痹,出现肢体瘫痪者少见。

(2)脊髓灰质炎:多见于儿童,有发热、肢体疼痛和肢体瘫痪,脑脊液检查蛋白含量及细胞数增多。

(3)流行性乙型脑炎:发病有明显季节性,每年 7～9 月份发病,多见于儿童。有高热、惊厥和昏迷等症状,高热与意识障碍平行。肉毒中毒则无特定季节,无年龄区别,起病与进食可疑食物有关,无明显高热,神志始终清楚。

3. 治疗要点

(1)一般治疗

1)洗胃:在进食 4 小时内用 5％碳酸氢钠或 1：4 000 高锰酸钾溶液洗胃。

2)导泻:洗胃后,口服 50％硫酸镁 40～60ml。

3)灌肠:0.9％氯化钠 100～200ml,灌肠。

(2)药物治疗

【处方 1】 多价肉毒素(A 型、B 型、E 型)5 万～10 万 U,静脉注射或肌内注射(先做血清敏感试验,过敏者先行脱敏处理),必要时 6 小时后重复给予同剂量 1 次。病菌型别已确定者,应注射同型抗毒素,每次 1 万～2 万 U。

【处方 2】 0.9％氯化钠 250ml
青霉素 400 万～600 万 U │ 静脉滴注,2/d 儿童 20 万 U/(kg·d),先皮试。

【处方 3】 盐酸胍 35～50mg/(kg·d),分 4～6 次口服。

【处方 4】 10％葡萄糖注射液 500～1 000ml
维生素 C 注射液 5～10ml │ 静脉滴注。
10％氯化钾注射液 7～15ml

(3)其他:对症支持治疗。

第十二章　常用急救技术操作

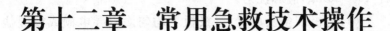

心脏电复律或电除颤是指在严重快速性心律失常时,用外加充足的脉冲电流通过心脏,使心肌各部分在瞬间同时除极,然后由心脏自律性最高的起搏点重新主导心脏节律。

【适应证】　原则上任何形式的心动过速只要导致血流动力学不稳定,如晕厥前兆或晕厥、低血压甚或休克、急性心力衰竭综合征、心绞痛甚至急性心肌梗死等,在以药物为主导的内科治疗不能迅速奏效时,都是电复律的适应证。

【方　法】

(1)准备:择期电复律之前,首先要向患者或其亲友告知电复律的必要性和可能出现的风险,并签署知情同意书。常规检查血电解质与肝、肾功能等,纠正电解质紊乱与酸碱失衡。房颤患者抗凝3～4周。术前禁食6小时,24～48小时内停用洋地黄制剂。建立静脉通路、吸氧,准备好抢救药品及简易呼吸机或气管插管、心脏起搏器等。

(2)体位:患者仰卧于硬板床上,充分暴露其前胸,移走身上佩戴的项链等金属异物。

(3)麻醉或镇静:若患者室颤时意识已丧失,即刻直接电

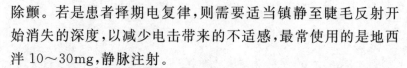

除颤。若是患者择期电复律,则需要适当镇静至睫毛反射开始消失的深度,以减少电击带来的不适感,最常使用的是地西泮 10~30mg,静脉注射。

(4)电极准备及放置:电极板上均匀涂以导电糊或以湿盐水纱布包裹。电极板常用的位置:

1)胸前-心尖位:一般是在急救时用,将电极板分别置于胸骨右缘第 2 肋间及心尖区,两个电极板间距离不小于 10cm。电极板要紧贴皮肤,并有一定压力。

2)前-后位:一般用于择期复律或是根据病情评估可能需多次放电的情况如"室速风暴"时用,两块粘贴式电极分别贴附于背部左侧肩胛下区和心尖区。此种电极位置通过心脏的电流较多,电能需减少 1/3~1/2,成功率也较高。

(5)能量选择:选用适当能量除考虑心律失常的类型外,还应注意以下因素:病种与病程、患者心肌的条件、心脏大小、心功能等。一般情况下,房颤用单向波 100~150J 或双向波 75~100J;房扑用单向波 50~100J 或双向波 50~75J;室上性心动过速用单向波 50~100J 或双向波 50~75J;室性心动过速用单向波 150~200J 或双向波 100J。室颤时,单向波除颤选 360J,若为双向波除颤通常 150J。

(6)充电与放电:拨动旋钮设置所需能量,充电。准备放电时,再次核实同步或非同步,并确认操作人员及其他人员不应再接触患者、病床及与患者相连接的仪器,患者的身体不接触金属床边。按下放电按钮,完成电复律。

(7)注意事项:①室颤者电除颤后不管成功与否,均应立即胸外心脏按压 2 分钟,酌情应用肾上腺素、胺碘酮等。②电复律后密切观察患者生命体征,积极处理可能出现的并发症,直至患者完全清醒，心律稳定。

二、临时人工心脏起搏

人工心脏起搏是通过起搏器发放一定频率和节律的电脉冲，经电极刺激心房或心室的某一局部心肌使之兴奋，并通过细胞间缝隙或润盘连接向周围心肌传导，最终引起整个心房或心室的兴奋及有规律地收缩，以维持心脏射血功能，是心律失常介入治疗的重要方法之一。包括经心内膜电极、体外电极、食管电极或心外膜电极等途径起搏。临时心脏起搏主要用于可逆性原因的或短暂性的严重缓慢心律失常的治疗，若可逆性原因消除而心律失常持续或反复发作，应置入永久性心脏起搏器。

【经静脉临时心脏起搏术】

（1）术前准备：①向患者或其亲友告知临时心脏起搏的必要性和可能出现的并发症，并签署知情同意书。②持续心电监护，建立静脉通路，准备好抢救药品及简易呼吸机或气管插管、除颤仪等。③备好临时起搏设备包括临时起搏器、心内膜电极、静脉穿刺导入器等。

（2）操作方法：以经锁骨下静脉-右心室心内膜起搏模式为例。患者常规连接肢体导联和胸前导联心电图，去枕平卧，背部略垫高。取锁骨中点稍外侧、锁骨下缘约 1cm 处为穿刺点，常规消毒、戴无菌手套、铺洞巾，1%利多卡因局麻；针尖指向胸骨上凹，穿刺针与胸壁平面呈 15°～20°，压低针头进针，边进针边抽吸，直到吸出静脉血（一般进针 4～6cm 即可），固定针头，沿针腔插入导引钢丝，保留导引钢丝，退出穿刺针，沿导丝送入扩张管和外套管进锁骨下静脉;保留外套管,拔出导引钢丝和扩张管,迅速将电极送入锁骨下静脉至上腔静脉。将起搏电极导线尾端与脉冲发生器相连,持续心电监护。向导管球囊内注入 1ml 空气,开启起搏器,预设起搏频率高于患者心率 20 次/分钟左右,随着血流运动平稳送入电极导线,此过程中密切观察心电图变化,一旦显示肢体导联呈左束支阻滞图形,且 QRS 波前见有规律地起搏脉冲信号,表明起搏电极已抵右心室壁并成功"夺获"心室,此时抽净球囊内气体,使电极的两极同时与心室壁密切接触。一般情况下,右心室心尖部是最常用的起搏部位,但理论上右心室流出道或间隔部起搏能使心脏激动的顺序更符合生理要求,血流动力学更为稳定。

(3)注意事项:①穿刺时宜将针头的斜面对向躯体下方,插入导丝时其弯头也指向下方,以利于其后的电极导丝顺利进入上腔静脉,避免进入颈内静脉。②穿刺时如抽出血液呈鲜红色,或去除注射器后有波动性的血液从针孔流出,则提示误入锁骨下动脉,应即刻拔出穿刺针,局部按压数分钟;如吸出空气,提示穿入胸腔,更应立即拔出针头,并密切观察有无气胸及给予相应的处理。③整个穿刺过程中及起搏成功后,要安全放置起搏器,以免坠落和导联拔出。密切监测患者的生命体征变化及一般情况,防治各种可能出现的并发症。④常规持续心电监护,并每日做 12 导联心电图与前图进行对照,同时检测起搏器电池电量、起搏和感知功能至少每日 1 次,如发现异常应尽快查明原因,及时处理。

三、急诊输血

输血是把供血者的血液输给患者,以纠正患者的失血或血液成分的减少或缺失,实际上是一种替代疗法,是急诊抢救大量失血或严重缺血患者的重要措施。

【全血输注】

(1)适应证:①急性失血如创伤、内出血、手术出血,尤其是血容量减少>20%出现低血压或休克时。②严重贫血,全血细胞减少症如急性溶血性贫血或某些出血性疾病(输新鲜血液补充凝血因子)。③体外循环和血液透析者(补充血小板)。④败血症,严重感染时少量多次输新鲜血以增加抗体。⑤一氧化碳、酚中毒等。

(2)禁忌证:①血型不合或对血浆中某种成分发生过敏反应者。②各种免疫性疾病如PNH者,以免加重溶血。③尿毒症透析前,有高钾血症及酸中毒者禁用库存血。

【成分输血】

(1)输红细胞:适用于各种贫血,尤其是伴有心力衰竭,高钾血症者宜选用洗涤红细胞(自身免疫性溶血性贫血宜选用洗涤红细胞,器官移植等患者宜选用少白细胞的红细胞)。

(2)输白细胞:适用于严重粒细胞减少或粒细胞缺乏症合并感染时,一次输注至少需1×10^{10}个白细胞,连续4~6日,可能有效。

(3)输血小板:适用于血小板明显减少($<20 \times 10^9/L$)或功能障碍,出血倾向明显或有颅内出血危险者。

(4)输血浆成分:包括新鲜冰冻血浆、冷沉淀、凝血酶原复合物、白蛋白、免疫球蛋白等,用于补充血容量、提高血浆胶体渗透压和纠正低蛋白血症。

【输血反应】 包括发热反应、过敏反应、溶血反应、细菌污染输血反应、传播疾病、输血相关性肺损伤,以及其他输血反应如高血钾、低血钙反应等。

(1)发热反应

1)临床表现:常发生在输血到 15～20 分钟或输血后数小时,有畏寒、发热,伴头痛、出汗、恶心、呕吐、心慌,持续 1～2 小时后体温开始下降,数小时后恢复正常。

2)治疗:停止输血、密切观察,以及对症治疗,如异丙嗪注射液 25mg 或哌替啶注射液 25mg 肌内注射,必要时可给予氢化可的松注射液 100mg 静脉滴注。

(2)溶血反应

1)临床表现:轻度溶血时有发热,尿茶色或轻度黄疸,血红蛋白稍下降;重度溶血则有畏寒、寒战、发热、心悸、胸痛、腰背痛、呼吸困难、血压下降,尿呈酱油色甚至出现少尿、无尿而发生急性肾衰竭。

2)治疗:立即停止输血,低血压休克者即刻皮下注射肾上腺素注射液 0.3～0.5mg,低分子右旋糖酐注射液 250ml 静脉滴注扩容,地塞米松注射液 10mg 静脉滴注,5％碳酸氢钠注射液 100ml 静脉滴注,血压仍低者可给多巴胺注射液 100mg 于 250ml 液体中静脉滴注,维持收缩压在 100mmHg 左右,20％甘露醇注射液 250ml 或呋塞米注射液 20～100mg 静脉注射。发生急性肾衰竭时,限制输液量,严重者尽快透析治疗。

(3)过敏反应

1)临床表现：主要为荨麻疹、颜面部血管神经性水肿、喉头痉挛、支气管哮喘、过敏性休克等。

2)治疗：可给予抗组胺药异丙嗪注射液 25mg 肌内注射，以及地塞米松注射液 10mg 静脉注射，严重者立即皮下或肌内注射 0.1% 肾上腺素注射液 0.5～1ml 及抗休克治疗，必要时行气管切开等处理。

四、急诊高压氧

高压氧舱是为高压氧治疗提供压力环境的特殊设备，氧舱设备的高压密闭环境是保证患者有效吸氧的基本条件。在空气加压舱内，通过面罩或类似装置吸纯氧(氧浓度>95%的氧气)，或在氧气加压舱内直接呼吸舱内氧气的过程，也就是机体暴露在超过一个大气压的环境中呼吸纯氧的治疗方法和过程，称为高压氧治疗。

严格掌握高压氧治疗的适应证和禁忌证。治疗前做好各项进舱前的准备，禁止携带易燃物品入舱，如火柴、打火机、酒精、汽油等，严禁穿着尼龙、腈纶等化纤衣服入舱，防止产生静电火花。入舱前应向患者介绍高压氧设备情况、通信设备使用方法，并教会患者进行开张咽鼓管的动作，最好每次入舱治疗前点滴麻黄碱滴鼻剂或呋麻滴鼻剂以预防中耳气压伤。对危重患者或昏迷患者必要时先做鼓膜穿刺术，以免鼓膜过度受压而破裂穿孔。

【适应证】

(1)急性一氧化碳中毒或其他有害气体中毒。

(2)气性坏疽、破伤风及其他厌氧菌感染。

(3)急性减压病。

(4)心肺复苏后急性脑功能障碍。

(5)气体栓塞症。

(6)休克的辅助治疗。

(7)脑水肿。

(8)肺水肿(除外心源性肺水肿)。

(9)挤压综合征。

(10)断肢(指、趾)再植及皮肤移植术后血运障碍。

(11)药物及化学中毒。

(12)急性缺血缺氧性脑病。

【绝对禁忌证】

(1)未经处理的气胸、纵隔气肿。

(2)肺大疱。

(3)活动性内出血及出血性疾病。

(4)结核性空洞形成并咯血者。

【相对禁忌证】

(1)重症上呼吸道感染。

(2)重度肺气肿。

(3)支气管扩张症。

(4)重度鼻窦炎。

(5)心脏二度以上房室传导阻滞。

(6)血压过高者(>160/100mmHg)。

(7)心动过缓(<50 次/分钟)。

(8)未经处理的恶性肿瘤。

(9)视网膜脱离患者。

(10)早期妊娠(3 个月内)。

五、环甲膜穿刺术

【方　法】

(1)患者仰卧,肩胛下垫高并使头后仰,气管保持正中位置。

(2)颈部皮肤做常规消毒,局部麻醉(窒息患者无须麻醉)。

(3)术者用左手拇指及中指固定患者喉部,食指摸到环甲膜或称环甲韧带处(在甲状软骨下缘与环状软骨上缘间之凹陷处),如图 5 所示,将穿刺部位的皮肤向两侧固定。

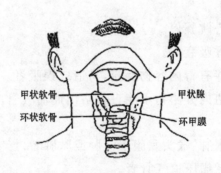

甲状软骨　　　　　　　　甲状腺

环状软骨　　　　　　　　环甲膜

图 5　环甲膜的解剖位置

(4)术者右手持环甲膜穿刺针(或 7～9 号注射针头),针与气管成垂直方向于环甲膜处刺入,当达喉腔时即有落空感,拔出针芯,用布带将穿刺器固定于颈部。

(5)视需要可进行口对"管口"人工呼吸、给氧,连接呼吸器、麻醉机等,也可用细塑料管从吸引管通道将气管内的分泌物吸出。

【注意事项】

(1)环甲膜穿刺是临时性的急救措施,当患者情况好转后及时施行气管切开术。

(2)个别情况下穿刺部位有较明显的出血,应注意止血,以免血液反流入气管内。

(3)如发生皮下气肿或少量咯血,可对症处理。

(4)本穿刺手术只适用于成年人。

六、气管内插管术

【适应证】

(1)呼吸心跳骤停。

(2)各种呼吸衰竭。

(3)昏迷伴有胃内容物反流,易造成误吸者。

(4)呼吸道内分泌物不能自行咯出而需气管内吸引者。

【禁忌证】

(1)喉头水肿、喉头黏膜下血肿或脓肿者。

(2)主动脉瘤压迫气管者。

(3)咽喉部烧伤、肿瘤或异物残留者。

(4)张力性气胸。

【方　法】

(1)患者仰卧,头后仰。术者以右手启开口腔,左手持直接喉镜沿右侧口角伸入,将舌向左推升,显露腭垂,徐徐向前推进,暴露会厌,将喉镜窥视片前端置于会厌的喉面,轻轻向上挑起,暴露声门。

(2)右手将气管导管通过声门插入气管,拔出导管芯,放入牙垫,用胶布将导管与牙垫一并固定于皮肤。

(3)向气管导管前端的套囊注入 5ml 空气,并封闭好。

(4)用听诊方法判断是否在呼吸道内及位置是否合适。

【注意事项】

(1)患者如咽喉反射尚灵敏,应行咽喉表面麻醉,然后插管。插管前清理口腔。

(2)吸痰应注意无菌操作。吸痰时间一次不应超过 30 秒。吸入的气体必须湿化。

(3)插管留置时间不应超过 48 小时。如病情不见改善,可改用经鼻气管插管或行气管切开。

七、气管切开术

【适应证】

(1)各种原因引起的喉及喉以上呼吸道梗阻。

(2)重症患者因下呼吸道分泌物阻塞而不能自行咳嗽排痰者。

(3)需长时间进行机械通气治疗者。

【禁忌证】 严重出血倾向患者及下呼吸道占位病变导致呼吸道梗阻者。

【方　法】

(1)患者仰卧、垫肩、保持头后仰及正中位。

(2)常规消毒、铺巾、局麻后,分层切开皮肤、皮下组织,沿正中白线切开颈前筋膜,将甲状腺峡部向上推开,暴露气管。

(3)以尖刀纵行切开第 3、4 气管软骨环,用气管扩张器深入并扩大气管切口,将气管套管插入,取出管芯,同时吸出气管内分泌物或血液,插入内套管并将套管用系带固定于颈前,可上下缝合切口皮肤 1~2 针。

(4)气管套管与其他通气管道连接,气囊充气。

【注意事项】

(1)注意防止损伤双侧颈部血管及甲状腺而导致大出血,切开气管时应避免用力过猛而损伤气管后壁。

(2)应同时切开气管及气管前筋膜,两者不可分离,以免引起纵隔气肿。

(3)一般以第 3、4 气管软骨环为中心,不得高于第二或低于第五软骨环。严禁切断或损伤第一软骨及环状软骨,以免导致喉狭窄。

八、食管气管双腔通气管通气术

【适应证】 在紧急情况下,双腔通气管无论插进食管或是气管内,都可迅速为患者建立有效通气,适用于身高 152cm 以上的患者。根据患者的不同身高应选择不同型号的双腔通气管。

【禁忌证】 身高低于 152cm 的患者,具有呕吐反射的患者,已知患有食管疾病的患者,摄入腐蚀性物质的患者。

【方 法】

(1)仔细检查双腔通气管的各个开口应通畅,将 100ml 空气充入近端蓝色咽部袖状气囊,再将 15ml 空气充入远端白色食管袖状气囊,然后将两袖囊气体全部放出。

(2)使用水溶性的润滑剂润滑双腔管前端以帮助插入。

(3)患者仰卧,急救人员用一只手向上抬起舌和下颌。另一只手握住双腔管,使管的弯曲方向与患者咽部自然弯曲一致。沿中线方向将双腔管前端从患者口中插入,顺其自然弯曲直到患者门齿或门齿牙槽骨峰处于双腔管远端两条黑色标线之间。在面部锐伤、有破损牙齿或活动义齿的情况下,取出义齿,插入双腔管时应尽量小心,不要破损袖状气囊。如果双腔通气管插入困难,应退出后重新插入。

(4)使用附带的140ml注射器向蓝色标号为1的气嘴充入100ml空气。使用附带的20ml注射器向白色标号为2的气嘴充入15ml空气。

(5)通过1号蓝色长管通气。

1)如果听诊有呼吸音而无胃内气过水声,继续通气,此时可以看到胸部膨胀。这时标号为2的短管可借助包装内提供的吸管吸出胃内液体。

2)如果听诊没有呼吸音,有胃内气过水声,可能是双腔管自咽部插入太深,放出1号咽部袖状气囊内空气,将双腔管向患者口外移出2~3cm,重新向1号咽部袖状气囊内充入100ml空气。如果听诊有呼吸音无胃内气过水声,继续通气。

通过2号无色短管通气。经过1号蓝色长管操作后如果听诊仍无呼吸音有胃内气过水声,立即通过2号无色短管通气。这时听诊可有呼吸音,没有胃内气过水声。

本通气管为一次性使用物品。

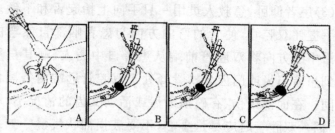

图6　食管气管双腔通气管通气术

九、排除呼吸道阻塞的 Heimlich 手法

因食物、异物卡喉和溺水(气管异物梗阻)窒息的患者,应立即施行 Heimlich 手法抢救,以解除呼吸道阻塞。

【方　法】

(1)患者意识清醒时,采取以下步骤(图7)。

1)抢救者站在患者的背后,用两手臂环抱患者腰部。

2)一手握拳,使拇指一侧朝向患者腹部,位置在正中线脐上方,远离剑突尖。

3)另一只手紧握此手,用一快速向上的猛压,将拳头压进患者腹部(不能用拳击和挤压,不可挤压胸廓)。

4)每次猛压是一次独立的动作,重复之,直到异物排出。

(2)患者无意识时,用以下步骤(图8)。

1)患者仰卧,抢救者面对患者,以一手置于另一手上,将下面一手的掌根放在胸廓下脐上的腹部。

2)用身体的重量,快速向上冲压患者的腹部。

3)重复之,直至异物排出。

图 7 Heimlich 手法用于清醒的呼吸道阻塞患者

(3)患者为婴幼儿时,用以下步骤(图 9)。

1)患儿平卧,面向上,躺在坚硬的地面或床板上,抢救者跪下或立在其足侧;或抢救者取坐位,并使患儿骑在抢救者的两大腿上、背朝向抢救者。

2)抢救者用两手的中指和食指,放在患儿胸廓下和脐上的腹部,快速向上重击压迫。动作要轻柔,重复之,直至异物排出。

(4)患者自救时,以自己握拳的拇指侧置于腹部,另一手紧握这只手,同样快速向上冲压腹部,将异物排出。

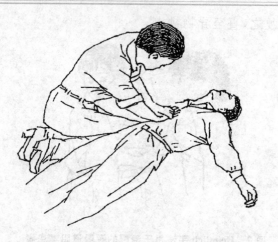

图 8　Heimlich 用于昏迷患者的呼吸道阻塞

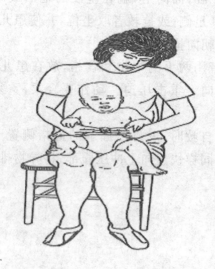

图 9　坐位婴幼儿的 Heimlich 法

【注意事项】

(1)食物、异物卡喉的预防。

1)将食物切成细块,细嚼慢咽。

2)口中含有食物时,勿嬉笑说话和走动。

3)有义齿者和酒后进食时应格外小心。

4)不允许儿童口含异物。

(2)抢救意识不清的溺水者时,仅在怀疑呼吸道异物梗阻时使用 Heimlich 法。最近有证据显示胸外按压优于 Heimlich 法。

(3)对于站立位或坐位的患者,过去拍击患者背后的方法是不妥的,往往有可能使异物更深入气管。现 Heimlich 急救法已列为卫生常识。

十、洗 胃 术

【适应证】

(1)口服毒物中毒,清除胃内未被吸收的毒物。

(2)治疗完全性或不完全性幽门梗阻。

(3)治疗急、慢性胃扩张。

【禁忌证】 口服强酸或强碱中毒者、食管或胃底静脉曲张、食管或贲门狭窄或梗阻、上消化道出血和胃癌、严重的心肺疾患属禁忌。

【方 法】

(1)患者取仰卧头侧位或侧卧位,去枕。

(2)嘱患者张口或用开口器使其张口。

(3)术者左手固定患者下颌,右手将涂以液状石蜡的洗胃管经口缓慢送入胃中,长度约 50cm。

(4)检查胃管确实在胃内后,齿间置一牙垫,固定胃管。

(5)将胃管末端的漏斗抬高 50cm,倒入洗胃液约 500ml;当漏斗内尚有少许溶液时,速将漏斗放低,使胃中液体引出体外,当流出量约等于灌入量时,再抬高漏斗,重新灌入液体,如此反复,直至洗清为止。

(6)常用洗胃液有 1∶5 000 高锰酸钾溶液、2%碳酸氢钠溶液、0.9%氯化钠和温开水等。

【注意事项】

(1)术前应取下义齿,昏迷患者插入胃管后应侧卧位,以免引起吸入性肺炎。

(2)危重患者洗胃时,要注意保持呼吸道通畅,进行心电监护,并及早开放静脉通道,以便及时用药。

(3)昏迷患者注入灌洗液不宜过多,每次不超过 300ml,以免液体自胃反流进入气管引起误吸,必要时应进行气管插管保护气道。

十一、导 尿 术

【适应证】

(1)解除各种原因引起的尿潴留。

(2)探测尿道有无狭窄或梗阻。

(3)需留尿做细菌培养,准确记录尿量,测量残余尿量、膀胱容量,以及膀胱测压或注入造影剂等。

(4)昏迷、严重烧伤等危重患者。

【禁忌证】　急性尿道炎患者禁忌。

【方　法】

(1)患者仰卧,两腿屈曲外展,臀下垫以油布及中单,并置一便盆。先用肥皂水清洗外阴部及尿道口,男性患者需翻开包皮冲洗阴茎头,再用干棉球拭干。

(2)用 0.1％苯机溴铵或碘伏溶液局部消毒。消毒后外阴部盖无菌洞巾,男性患者用消毒巾裹住阴茎,露出尿道口。

(3)操作者戴无菌手套站于患者右侧,以左手拇指、示指持阴茎或分开小阴唇露出尿道口,右手将涂有润滑油的导尿管慢慢插入尿道。男性进入 15～20cm,女性进入 6～10cm,见尿液流出后,松开左手,并将导尿管外端开口置于消毒弯盘中。

(4)术后将导尿管夹住后再徐徐拔出,以免管内尿液漏出。如需留置导尿时,应以胶布固定尿管,以免脱出。如用气囊导尿管,在确认气囊在膀胱内后,注入适量气体或无菌 0.9％氯化钠。

【注意事项】

(1)插入尿管时动作要轻柔,以免损伤尿道黏膜,若插管有阻挡感可更换方向再插。见有尿液流出后要再插入 1～2cm,切勿插入过浅或过深,尤忌反复抽动尿管。

(2)膀胱过度膨胀时排尿需缓慢,以免膀胱骤然减压引起出血或晕厥。

(3)留置导尿管时应 5～7 日更换一次,并在更换插管前使尿道松弛数小时再重新插入。必要时应接上膀胱冲洗装置,以预防尿路感染。

十二、双气囊三腔管压迫术

【适应证】 由于门静脉高压症引起食管下段静脉或胃底静脉曲张破裂出血。

【禁忌证】 由于其他原因引起的上消化道出血。

【方 法】

(1)三腔管头端及气囊涂以液状石蜡,患者取斜坡卧位,将管自鼻腔插入胃内至 65cm。

(2)向胃气囊内注气 250～300ml,用血压计测囊内压为 5.33～6.67kPa(40～50mmHg),用止血钳夹住外口,将管以 0.5～1kg 的拉力向外牵引,然后固定于面颊。

(3)再向食管气囊注气 100～150ml,囊内压为 4.00～5.33kPa(30～40mmHg),用止血钳夹住外口。

(4)吸出胃内容物,在管外端结一绷带,用 0.5kg 盐水瓶固定于床架上持续牵引。

【注意事项】

(1)插管时应将气囊内的空气抽尽,插管宁深勿浅,先向胃囊注气,再向食管囊注气并密切观察患者情况。

(2)每隔 12～24 小时食管气囊放气 1 次,时间为 30 分钟,同时将管向胃内送入少许,放气前先服液状石蜡 20ml。

(3)定期抽吸胃液,观察有无继续出血。出血停止 12～24 小时后,放气再观察 12～24 小时,如不再出血,即可拔管。

十三、心包穿刺术

【适应证】

(1)判定积液的性状与病原,明确诊断。

(2)大量积液有心脏压塞时,穿刺抽液以减轻压塞症状。

(3)向心包腔内注射药物作为治疗。

【方　法】

(1)取半卧位,穿刺部位在左侧第五肋间锁骨中线外,心浊音界内1～2cm,沿第六肋骨上缘向背部稍向正中线刺入,此部位为最常见选用点。有条件应进行超声波定位。

(2)常规消毒、铺巾,抽取2%利多卡因溶液2ml,注射用水稀释成3ml在穿刺点先从皮内注射少许使成直径0.8cm的皮丘,然后沿穿刺方向进针,经皮下、胸壁肌肉层、胸膜壁渐注入利多卡因逐层局麻。

(3)再取穿刺针沿局麻部位穿刺进针,穿刺针和胸壁呈45°,当感到进针阻力消失时,勿再深入(一般刺入3～4cm即达心包腔),若感心脏搏动撞及针尖时,应将针头退出少许,用血管钳固定穿刺针,勿使穿刺针再刺入或脱出。

(4)将注射器套于穿刺针尾部橡皮管上,放松橡皮管上的血管钳,抽吸积液。当注射器抽满液体准备取下针筒时,应先用血管钳夹住橡皮管,以防空气进入心包腔。

(5)抽液完毕,拔出穿刺针,消毒穿刺针眼,盖无菌纱布固定即可。

【注意事项】

(1)有条件应于超声下协助确定穿刺点部位及进针方向。

（2）心包穿刺应在心电监测下进行。穿刺过程中如有咳嗽、心慌、面色苍白、脉细速、血压下降,应立即将针拔出,让患者平卧,对症处理。

（3）第一次抽液不应超过 100ml,以后每次不应超过 300～500ml。

十四、胸腔穿刺术

【适应证】

（1）检查胸腔积液的性质或做细菌、细胞学检查,协助病因诊断。

（2）治疗,如抽液或排气减压,胸腔内给药治疗。

【方　法】

（1）患者面向椅背骑跨在座椅上,前臂交叉置于椅背上,下颏置于前臂上。不能起床者可取 45°侧卧位,患侧上肢上举抱于枕部。

（2）穿刺点选在胸部叩诊实音最明显部位,通常取腋中线第 6、7 肋间或腋后线上第 7、8 肋间或肩胛线上第 8、9 肋间;以排气为目的时,胸腔穿刺部位在锁骨中线第二肋间。中、小量积液或包裹性积液可结合 X 线或 B 超检查定位。

（3）自穿刺点由内向外常规消毒,消毒直径约 15cm,铺消毒洞巾,以 2%利多卡因自皮肤逐层向下浸润麻醉直到胸膜壁层。

（4）用血管钳夹闭穿刺针后的橡皮管。术者以左手食指与拇指固定穿刺部位皮肤,针头经麻醉处垂直刺入皮肤后,以45°斜行刺入肌层再垂直于肋骨的上缘刺入胸腔,当针头阻力突然消失时,表示针尖已进入胸膜腔,接上50ml消毒注射器,放开血管钳,并用血管钳紧贴皮肤夹住固定穿刺针以防位置移动。用注射器抽满液体或气体后,再次用血管钳夹闭橡皮管以防空气进入胸腔内,而后取下注射器,将液体或气体排出并计量。目前,多通过转动三通活栓来控制注射器与胸膜腔的相通与否。

(5)抽液体或气体后,用血管钳夹闭橡皮管,拔出穿刺针,覆盖消毒纱布,以手指压迫数分钟,再用胶布固定。

【注意事项】

(1)穿刺应在穿刺点的下一肋骨的上缘进行,以免损伤肋间神经、血管。

(2)放液不宜过快、过多,诊断性抽液50~100ml即可。治疗性抽液(气)首次不超过600ml,以后每次不超过1 000ml或以患者耐受程度为限,以免胸腔减压过剧造成纵隔摆动。

(3)穿刺过程中应嘱患者勿移动体位,勿用力咳嗽或深吸气以免刺伤肺脏,保持胸腔全封闭状态以免发生气胸。术中密切观察患者,如有头晕、面色苍白、出汗、心悸、胸部压迫感或剧痛、晕厥或连续性咳嗽、气短、咳泡沫痰等(胸膜过敏反应)应停止抽液并皮下注射0.1%肾上腺素0.3~0.5ml或其他对症处理。

(4)如为张力气胸等,病情需要持续引流者,应进行闭式胸膜腔引流术,以使肺部复张。

十五、腹腔穿刺术

【适应证】

（1）用于检查腹水的性状，协助确定病因。

（2）穿刺放液，减轻因大量腹水引起的呼吸困难或腹胀症状。

（3）需腹腔内注药或腹水浓缩再输入者。

【禁忌证】

（1）广泛腹膜粘连者。

（2）有肝性脑病先兆、包虫病及巨大卵巢囊肿者。

（3）大量腹水伴有严重电解质紊乱者禁忌大量放腹水。

（4）妊娠。

【方　　法】

（1）穿刺点选择

1）左下腹脐与髂前上棘连线中、外 1/3 交点，此处不易损伤腹壁动脉。

2）脐与耻骨联合连线中点上方 1cm，偏左或偏右 1.5cm，此处无重要器官且易愈合。

3）少量腹水患者取侧卧位，取脐水平线与腋前线交点，此处常用于诊断性穿刺。

4）包裹性分隔积液，需在 B 超指导下定位穿刺。

（2）自穿刺点由内向外常规消毒、铺巾，以 2% 利多卡因自皮肤逐层向下浸润麻醉直到腹膜壁层。

（3）以左手食指与拇指固定穿刺部位皮肤，右手持针经麻醉处垂直刺入腹壁，待针锋抵抗感突然消失时，示针尖已穿过腹膜壁层,用消毒血管钳固定针头,抽取腹水留样送检。诊断性穿刺,可直接用 20ml 或 50ml 注射器及适当针头进行。大量放液时,可用 8 号或 9 号针头,并于针座接一橡皮管,以输液夹调整速度,将腹水引入容器中记量。

(4)放液后拔出穿刺针,覆盖消毒纱布,以手指压迫数分钟,再用胶布固定。大量放液后,需用多头腹带包扎腹部,以防腹压骤降,内脏血管扩张引起血压下降或休克。

【注意事项】

(1)术中密切观察患者,如有头晕、心悸、恶心、气短、脉促、面色苍白等,应立即停止操作,并做适当处理。

(2)放液不宜过快、过多,一次放液通常不超过 3 000ml。

(3)若腹水流出不畅,可将穿刺针稍作移动或稍变换体位。

(4)术后嘱患者仰卧,使穿刺孔位于上方,可防止腹水渗漏。若大量腹水,腹腔压力太高,术后有腹水漏出,可用消毒火棉胶粘贴穿刺孔,并用蝶形胶布拉紧,再用多头腹带包裹腹部。

(5)放液前后均应测量腹围、脉搏、血压,观察病情变化。

(6)诊断性穿刺时,应立即送检腹水常规、生化、细菌培养和脱落细胞检查。

十六、腰椎穿刺术

【适应证】

(1)检查脑脊液用于中枢神经系统感染性疾病的诊断与鉴别诊断,如化脓性脑膜炎、结核性脑膜炎、隐球菌性脑膜炎等。

(2)测定颅内压力和了解蛛网膜下隙是否阻塞等。

(3)椎管内给药,如注射化疗药物或抗生素等。

【禁忌证】

(1)可疑颅压升高、脑疝、颅内占位病变等。

(2)处于休克、衰竭、濒危状态的危重患者。

(3)穿刺部位有炎症。

【方　法】

(1)患者侧卧于硬板床上,背部与床面垂直,头向前胸部屈曲,两手抱膝紧贴腹部,使躯干呈弓形,使脊柱尽量后凸以增宽椎间隙,便于进针。

(2)确定穿刺点,以髂后上棘连线与后正中线的交会处为穿刺点一般取第3~4腰椎棘突间隙,必要时也可在上一或下一腰椎间隙进行。

(3)常规消毒、铺巾、局麻。术者以左手固定穿刺点皮肤,右手持针,以垂直于脊柱的方向缓慢刺入,成人进针深度4~6cm,儿童2~4cm,当针头穿过韧带与硬脊膜时可有落空感,此时可将针芯慢慢抽出(以防脑脊液迅速流出,造成脑疝),转动针尾,即可见脑脊液流出。

(4)放液前先将测压管与穿刺针连接测量压力,让患者双腿略伸,肌肉放松,测量脑脊液压力。正常侧卧位脑脊液压力为70~180mmHg或40~50滴/分钟。若了解蛛网膜下隙有无阻塞,可做Queckenstedt试验,即测定初压后,由助手按压双侧颈静脉,正常时脑脊液压力迅速升高一倍左右,解除压迫后10~20s,压力降至原来水平,称为梗阻试验阴性,示蛛网膜下隙通畅;若压迫颈静脉后,脑脊液压力不能升高,则为梗阻试验阳性,示蛛网膜下隙完全阻塞;若施压后压力缓慢上升且放松后又缓慢下降,示蛛网膜下隙不完全阻塞。

(5)撤去测压管,收集脑脊液 2～5ml 分送常规、生化及细菌学检查。如需做培养时,应用无菌操作法留取标本。

(6)术毕,将针芯插入针管后一起拔出穿刺针,覆盖消毒纱布,用胶布固定。

(7)术后嘱患者去枕平卧 4～6 小时,以免引起术后低颅压头痛。

【注意事项】

(1)严格掌握禁忌证,凡疑有颅内压升高者必须先做眼底检查,如有明显视盘水肿或有脑疝先兆者,禁忌穿刺。

(2)穿刺过程中患者若出现呼吸、脉搏及意识改变症状时,应立即停止操作,并做相应处理。

(3)针芯要慢慢抽出,特别是颅压较高时,以防脑脊液迅速流出造成脑疝。

(4)鞘内给药时,应先放出等量脑脊液,然后再等量转换性注入药液,应边推边放,以脑脊液稀释药物,于 5～10 分钟缓慢注入。

(5)凡颅内压增高者禁做压颈试验。

十七、膀胱穿刺术

【适应证】 耻骨上膀胱穿刺适用于各种原因引起的急性尿潴留行导尿术未成功,而又急需排尿或送检尿标本者。尤其是外伤致尿道断裂者。

【方 法】

(1)取仰卧位,大腿分开,膝部稍屈,露出穿刺部位,治疗

巾垫于患者臀下。

(2)穿刺点耻骨联合中点上 1～2cm 处,叩诊证实膀胱充盈。常规消毒、铺巾、局麻。

(3)用 14～16G 穿刺针,与腹壁呈 60°刺向会阴部,也可与腹壁垂直刺入,见尿后再进针 1～2cm,用注射器抽吸或接引流管排出尿液。膀胱过度膨胀者,每次抽出尿液不得超过1 000ml,以免膀胱内压降低而导致出血或休克的发生。必要时留标本送验。

(4)抽毕,消毒穿刺点,覆盖消毒纱布,胶布固定。

十八、清创术

【方 法】

(1)清洗去污:先用无菌纱布覆盖伤口,清洗伤口周围皮肤,剪去毛发,除去污垢油腻,以无菌纱布 0.9%氯化钠反复冲洗伤口,用消毒镊子或小纱布球轻轻除去伤口内的污物、血凝块和异物。

(2)清理伤口:用碘伏、酒精消毒皮肤,施行麻醉,铺盖手术单等,与一般手术相同。仔细检查伤口后,对浅层伤口,可将伤口周围不整皮肤缘切除 0.2～0.5cm,切面止血,消除血凝块和异物,切除失活组织和明显挫伤的创缘组织(包括皮肤和皮下组织等),并随时用无菌盐水冲洗。对深层伤口,应彻底切除失活的筋膜和肌肉。为了处理较深部伤口,有时可适当扩大伤口和切开筋膜,清理伤口,直至比较清洁和显露血液循环较好的组织。

(3)修复伤口:更换手术单、器械和术者手套,重新消毒铺巾,伤口内彻底止血,根据污染程度、伤口大小和深度等具体情况,决定伤口是开放还是缝合,是一期还是延期缝合。未超过 12 小时的清洁伤口可一期缝合;大而深的伤口,在一期缝合时应放置引流条;污染重的或特殊部位不能彻底清创的伤口,应延期缝合。

【注意事项】

(1)认真进行清洗消毒。伤口清洗是清创术的重要步骤,必须反复用大量 0.9％氯化钠冲洗,务必使伤口清洁后再做清创术。

(2)除了尽量清除血凝块和异物,还要清除失活的组织。尽可能保留和修复重要的血管、神经和肌腱。

(3)缝合时注意组织层的对合,勿残留无效腔。

十九、骨折固定术

固定对骨折、关节严重损伤、肢体挤压伤和大面积软组织损伤等能起到很好的固定作用。固定技术分为外固定和内固定两种。院外急救多受条件限制,只能做外固定,目前最常用的外固定有小夹板、石膏绷带、外展架等。

1. 小夹板固定

【适应证】 四肢闭合性管状骨骨折;四肢开放性骨折,创面小,经处理后创口已闭合者;陈旧性四肢骨折仍适合于手法复位者。

【方 法】 可用木板、竹片、树枝、硬纸板等,削成长宽适度的小夹板。固定骨折时,小夹板与皮肤之间需垫棉垫,用绷带固定。此法固定范围较石膏绷带小,但能有效防止骨折端的移位,因其不包括骨折的上下关节,故而便于及时进行功能锻炼,防止发生关节僵硬等并发症,具有骨折愈合快、功能恢复好、治疗费用低等优点。

2. 高分子石膏夹板固定

【适应证】 小夹板难于固定的某些部位的骨折;开放性骨折经清创缝合术后,创口尚未愈合者;某些骨关节手术后、畸形矫正术后;化脓性关节炎和骨髓炎患肢的固定。

【方 法】 根据需要固定的部位选择相应型号的高分子石膏,需固定部位用绵纸或棉套作为衬垫,打开包装(每次打开一袋,不能一次打开多个以免失效)取出夹板,放入常温水中浸泡3~4秒并挤压2~3次,取出挤去多余的水分,并擦净夹板表面的水滴,放在需要固定部位,进行塑型,外用纱布绷带或弹性绷带螺旋式缠绕固定,松紧适度。优点是可根据肢体的形状塑型,固定作用确实可靠,可维持较长时间。缺点是固定范围大,一般需超过骨折部的上下关节,不利于患者肢体活动锻炼,易引起关节僵硬等。

3. 外展架固定

【适应证】 肿胀较重的上肢闭合性损伤;肱骨骨折合并神经损伤;臂丛牵拉伤、严重上臂或前臂开放性损伤;肩胛骨骨折等。

【方 法】 用铅丝夹板、铅板或木板制成的外展架,再用石膏绷带包于患者胸廓侧方后,可将肩、肘、腕关节固定于功能位。患肢处于高抬位置,有利于消肿、止痛、控制炎症。

4. 几种常见的骨折固定技术

(1)颈椎骨折固定:使患者头颈与躯干保持直线位置,颈部加衬垫,头两侧放沙袋临时固定,防止左右摆动,用木板放置头至臀下,用绷带将额部、肩和上胸、臀固定于木板上,使之稳固。

(2)锁骨骨折固定:用绷带在肩背做"8"字固定,并用三角巾或宽布条于颈上吊托前臂。

(3)肱骨骨折固定:用夹板固定患肢,并用三角巾、布条将其悬吊于颈前。

(4)注意事项

1)出血伤口应先止血、包扎,再固定;先处理其他急症(如窒息、休克等)后再固定。

2)开放骨折端刺出皮肤时,不应还纳。

3)夹板固定时,宽度应适当,长度必须超过骨折处的上下关节。

4)夹板不可与皮肤直接接触,应在骨凸出部、关节和夹板两端加以衬垫。

二十、创伤包扎术

包扎的目的是保护伤口、减少污染、止血及止痛等。

【常用包扎方法】 常用包扎材料有绷带急救包、三角巾急救包、炸伤急救包和四头带。三角巾使用简单、方便、灵活,可用于不同部位或较大面积的伤口包扎,但不便加压,也不够牢固,容易松动移位。绷带主要用于四肢伤口包扎和固定敷料,用于躯干和腹部伤包扎时,效果不如三角巾。四头带主要用于胸、腹部伤的包扎,用于四肢伤包扎则不易滑脱。

(1)头顶部包扎法:置三角巾底边中点于眉间上方,顶角经头顶垂于枕后,再将底边经耳上向后扎紧,压住顶角,在枕

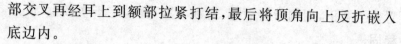

部交叉再经耳上到额部拉紧打结,最后将顶角向上反折嵌入底边内。

(2)风帽式包扎法:顶角打结置额部,底边中点打结置枕部,然后将底边两端拉紧向外反折,再绕向前面包住下颌,最后绕到颈后在枕部打结。

(3)头面部面具式包扎法:三角巾顶角打结套在下颌部,罩住面及头部拉到枕后,将底边两端拉紧交叉后到额部打结,于眼、鼻和口部开窗。

(4)三角巾眼部包扎法:包扎单眼时,将三角巾折叠成四指宽的带状,斜置于伤侧眼部,从伤侧耳下绕至枕后,经健侧耳上拉至前额与另一端交叉反折绕头一周,于健侧耳上端寸丁结固定。包扎双眼时,将带状三角巾的中央置于枕部,两底角分别经耳下拉向眼部,在鼻梁处左右交叉各包一只眼,成"8"字形经两耳上方在枕部交叉后绕至下颌处打结固定。

(5)三角巾胸部包扎法:将三角巾的顶角置于伤侧肩上,两底边在胸前横拉至背部打结固定,后再与顶角寸丁结固定。

(6)上肢悬吊包扎法:三角巾底边一端置健侧肩部,伤侧肘屈曲80°左右,将前臂放在三角巾上,然后将三角巾向上反折,使底边另一端到伤侧肩部,在背后与他端打结,将三角巾顶角折平用安全别针固定。

(7)三角巾下腹部包扎法:将三角巾顶角朝下,底边横放腹部,两底角在腰后打结固定,顶角内两腿间拉至腰后与底角打结固定。

(8)燕尾巾肩部包扎法:单肩包扎时,将三角巾折成约80°夹角的燕尾巾,夹角朝上,向后的一角压住向前的角放于伤侧肩部,燕尾底边绕上臂在腋前方打结固定,将燕尾两角分别经胸、背部拉到对侧腋下打结固定。包扎双肩时,则将三角巾折叠成两尾角等大的双燕尾巾,夹角朝上,对准颈后正中,左右双燕尾由前向后分别包绕肩部到腋下,在腋后结固定。

(9)三角巾手、足部包扎法:包扎膝、肘部时,将三角巾折叠成比伤口稍宽的带状,斜放伤处,两端压住上下两边绕肢体一周,在肢体内侧打结固定。包扎手、足时,将三角巾底边横放在腕(踝)部,手掌(足底)向下放在三角巾中央,将顶角反折盖住手(足)背,两底角交叉压住顶角绕肢体一圈,反折顶角后打结固定。

(10)三角巾臀部包扎法:将三角巾顶角朝下放在伤侧腰部,一底角包绕大腿根部与顶角寸丁结,另一底角提起围腰与底边打结固定。

(11)绷带手腕、胸、腹部环形包扎法:包扎手腕、胸、腹部等粗细大致相等的部位时,可将绷带做环形重叠缠绕,每一环均将上一环的绷带完全覆盖,为防止绑带滑脱,可将第一圈绷带斜置,环绕第二或第三圈时将斜出圈外的绷带角反扎到圈内角重叠环绕固定。

(12)绷带四肢螺旋包扎法:包扎四肢时,将绷带做一定间隔的向上或向下螺旋状环绕肢体,每旋绕一圈将上一圈绷带覆盖1/3或2/3。此法常用于固定四肢夹板和敷料。

(13)绷带螺旋反折包扎法:包扎粗细差别较大的前臂、小腿时,为防止绷带滑脱,多用包扎较牢固的螺旋反折法,此法与螺旋包扎法基本相同,只是每圈必须反扎绷带一次,反扎时用左手拇指按住反扎处,右手将绷带反折向下拉紧缠绕肢体,但绷带反扎处要注意避开伤口和骨突起处。

(14)头部双绷带回反包扎法:将两个绷带相连,打结处置于头后部,分别经耳上向前于额部中央交叉,将第一个绷带经头顶到枕部,第二个绷带则环绕头部,并在枕部将第一个绷带覆盖,如此反复交叉缠绕将整个头部覆盖,最后将第二个绷带环绕头部数周,于头后打结。

【注意事项】

(1)接触伤口的包扎材料应清洁、无菌,充分覆盖整个伤口至周围皮肤 5~10cm,并控制出血。

(2)脑组织膨出及腹腔脏器脱出时不应还纳,应在脱出的组织周围用纱布制成圆圈或用碗等物品加以保护后再包扎,且包扎材料最好用盐水浸湿。

(3)刺入伤口较深的异物不宜盲目取出,以防大量出血。

(4)包扎不能过紧或过松,末端不应暴露。

(5)包扎材料不能覆盖口、鼻和手指、足趾端。